9日でマスター！

楽学

乙四 危険物取扱者 + 模試

合格するまで面倒みます!®

乙四ドットコム●著

住宅新報出版

はじめに

―あなただけに教える、絶対合格の勉強法とは？―

皆さん、はじめまして。私は「合格するまで面倒みます！」シリーズ講習会のひとつ**「乙四ドットコム」**代表の上村英樹と申します。

数ある資格書の中から、『**9日でマスター！　楽学　乙四危険物取扱者**』を選んでいただきありがとうございます。

本書は、「乙四ドットコム」の講師陣が執筆いたしました。この講習会は**「たった2日の講義で国家資格に合格」し、不合格でも「合格するまで面倒みます。必ず合格していただきます！」**をコンセプトとした講習会で、シリーズ累計合格者2万人（2019年10月現在）を輩出しております。

そのノウハウとエッセンスを多分に盛り込んだ本書は、**「9日でマスター」**を目指し、2日間の講習会を疑似体験できるようになっています。

さて、危険物乙種第4類（乙四）の資格は、数種類ある危険物取扱者試験の中で最も受験者が多く、その数は年間24万人以上にのぼります。国家資格全般を見わたしても最も人気のある資格のひとつであり、近年高まる資格ニーズからも、注目度が高くなっています。とはいえ、合格率は30～40％ですから、勉強しないと合格するのは難しい試験だといえます。

そこで、我々が提唱する短期間でも「絶対合格の勉強法」は、**ズバリ！**「インプットとアウトプットのバランス」です。

インプットとは、頭の中に知識を入れること。まさに本書での勉強がそれにあたります。本書は「最短ルートで合格すること」を目的とし、試験問題に即した内容に要点を絞って解説をしています。本書をよく読み込んで“知識を頭に詰め込む＝インプットする”ことが第一段階。

そして次はアウトプットです。これはインプットした知識を外に出す作業です。Partごとにあるチェックテストや巻末の模擬試験を活用しましょう。あるいは、同じ資格を目指す仲間同士で説明し合うのもよいでしょう。詰め込んだ知識を外に出すことで、その情報は脳に深く刻み込まれ、忘れない「記憶」となって定着するのです。

これらインプットとアウトプットを、どちらに偏ることなく、バランス良く繰り返し行うことこそが合格を確実にする早道です。

私たちの喜びは、本書や講習会を通じて、あなたの「合格した！」の声を聞くこと。本書をきっかけに確実な知識を身につけ、合格まで着実な道のりを歩んでいただくことを、心より望んでいます。

そして見事に“合格”の栄冠を勝ち取ったあかつきには、私たちにもその喜びをおすそ分けいただけませんか？　乙四ドットコム宛てに「喜びの声」をお寄せいただければ幸いです。写真も大歓迎！　がんばったご自身の軌跡として、そして次に受験する後輩への応援メッセージとして、ご紹介させてください。

それでは、あなたからの嬉しいお知らせを、心よりお待ちしています。

2020年3月　　　合格するまで面倒みます！
乙四ドットコム　代表　上村英樹

目　次

PartⅡ 基礎的な物理学・化学（4～5日目） 93

資格ガイド

1 危険物取扱者とは

私たちの身近にあるガソリン、灯油などの石油類は、「燃えやすい」「爆発しやすい」など共通する性質があり、取扱い方法によっては非常に危険です。これらは消防法で「危険物」と指定され、取扱いや貯蔵の方法が厳しく定められています。そこで、必要となるのが、危険物の知識を持った「危険物取扱者」です。

2 乙種第４類危険物取扱者とは

危険物取扱者の資格（免状）には甲種・乙種・丙種の３種類があり、すべて国家資格です。この中で乙種の免状は、第１類から第６類の危険物類別に分かれています。国家試験に合格し免状が交付されると、指定された種類の取扱いと保安監督ができます。

このうち、乙種第４類危険物取扱者は第４類の危険物を扱うことができます。第４類の代表例は、

・ガソリン　・灯油　・軽油（ディーゼル）

・エタノール（酒の原料）　・重油

などです。ガソリンスタンドなどの危険物取扱所の大多数は、この第４類を扱っています。

危険物取扱者の免状と取り扱うことのできる危険物

免状	取り扱うことのできる危険物
甲種危険物取扱者	第１類～第６類すべての危険物
乙種危険物取扱者	第１類～第６類のうち、取得した類の危険物
丙種危険物取扱者	第４類のうち指定された危険物（ガソリン、灯油、軽油など）

受験ガイド

1 受験資格

乙種第４類危険物取扱者の受験には、特別な受験資格は必要ありません。誰でも受験することができます。

2 試験回数と試験地

○試験回数

都道府県ごとに実施されます。回数や日程は都道府県によりさまざまで、少ないところで年２回程度、平均として年５～６回は実施されています。ただし、東京は、（一財）消防試験研究センターの中央試験センターにて毎月３回程度、試験が実施されています。

○試験地

住所地や勤務地に限らず、希望する都道府県でどこでも受けることができます。もちろん、取得した危険物取扱者免状は、日本全国どの都道府県においても有効です。

3 試験時間と試験科目

試験時間は、2時間です。なお、試験科目が一部免除される人の試験時間は、免除される問題の数に応じて短縮されます。試験科目と問題数は以下のとおりです。

<table>
<tr><th rowspan="4">乙種第4類</th><th>試験科目</th><th colspan="2">問題数</th></tr>
<tr><td>危険物に関する法令</td><td>15 問</td><td rowspan="3">計 35 問</td></tr>
<tr><td>基礎的な物理学および基礎的な化学</td><td>10 問</td></tr>
<tr><td>危険物の性質ならびにその火災予防および消火の方法</td><td>10 問</td></tr>
</table>

4 試験方法

筆記試験のみです。実技試験はありません。

筆記試験は、「マークシート方式」で行われます。出題形式は、5つの選択肢の中から正解を1つ選ぶ「5肢択一式」です。

5 合格基準および合格発表

各科目の成績がそれぞれ60%以上である人が合格となります。

試験科目	問題数	合格基準
危険物に関する法令	15問	9問以上
基礎的な物理学および基礎的な化学	10問	6問以上
危険物の性質ならびにその火災予防および消火の方法	10問	6問以上

合格発表は、(一財)消防試験研究センターの支部別に合格者の受験番号が公示されるとともに、同センターのホームページにも掲示されます。また、受験者本人には郵便で試験結果が直接通知されます。なお、東京の中央試験センターでは原則、試験当日に合格発表が行われています。

6 受験願書等の入手および問合せ先

受験案内・受験願書等は、(一財)消防試験研究センターの各支部等および関係機関、各消防本部の窓口において、受験希望者に無料で配布されています(郵送でも入手可能)。なお、受験願書は全国共通です。

入手方法の詳細は、下記へお問い合わせください。

危険物取扱者試験指定試験機関

一般財団法人消防試験研究センター　中央試験センター

〒151-0072　東京都渋谷区幡ケ谷1－13－20

電話03-3460-7798(平日9:00～17:00)

ホームページ　https://www.shoubo-shiken.or.jp/

試験に向けての注意点

試験前日と当日に向けて、心がけておきたい注意点などを紹介します。よく読んで万全の態勢で試験に臨みましょう。

1 前 日 編

○持ち物の準備

下記のリストを参考に、忘れ物のないようにしましょう。

○試験会場への行き方チェック

試験会場へは余裕をもって着きたいもの。事前に経路を確認し、乗る電車やバスの時間をチェックしておきましょう。

持ち物リスト
□受験票　□筆記用具（HB もしくは B の鉛筆、シャープペン、消しゴム）
□参考書（なるべく重くならないように、1 冊程度）　□時計
□ハンカチ・ティッシュ　□お金　□飲み物　など

【心構え】

○リラックスする

これまで勉強してきたことに自信をもち、好きな音楽を聴いたり、入浴したりして心身ともにリラックスしましょう。

○一夜漬けはしない

これまで勉強してきたことを信じて、前日に知識を詰め込むようなことは避けましょう。

もし、気になるようでしたら、さらっと確認する程度にとどめましょう。

○睡眠を十分にとる

寝不足では、十分に力を発揮できません。復習はほどほどに。睡眠を十分にとりましょう。

2 当 日 編

【準備】

○もう一度持ち物リストで最後のチェックをする

【心構え】

○試験開始時間の 1 時間前には試験会場に到着する

早めに試験会場に着けば、気持ちにもゆとりが出るし、最後の確認もできます。

本書を利用した効果的な学習方法

1 Part I ~ Part Ⅲは Part ごとに次の *STEP1*、*STEP2* に従って学習してください。
2 Part Ⅳについては、*STEP3* に従って学習してください。
3 2が終わったら、*STEP4* に従って成績をつけてみましょう。
4 3で自分の現在地がわかったら、1 2の繰り返しです。

STEP 1 インプットの時間

1. ざっくりと、ひととおり読む。
2. 暗記シート（赤透明シート）を使って重要語句を確認しながら読む。
3. 1日ごとの終わりに、**暗記ポイント**で最終チェック !!

学習すること

項目ごとに学習する内容の全体像を表記しています。これは、目的であり、ゴールを意味します。ゴールを知ると頭に入りやすいのです。学習が終わったら☑を忘れずに！

赤ゴシック文字

覚えてほしい重要な用語は**赤ゴシック文字**で表記しています。付属の暗記シート（赤透明シート）を使って確実に覚えましょう。

暗記ポイント

暗記シートで隠して1日ごとの重要項目を再チェック！　知識の総点検に役立ちます。終わったら☑を忘れずに！

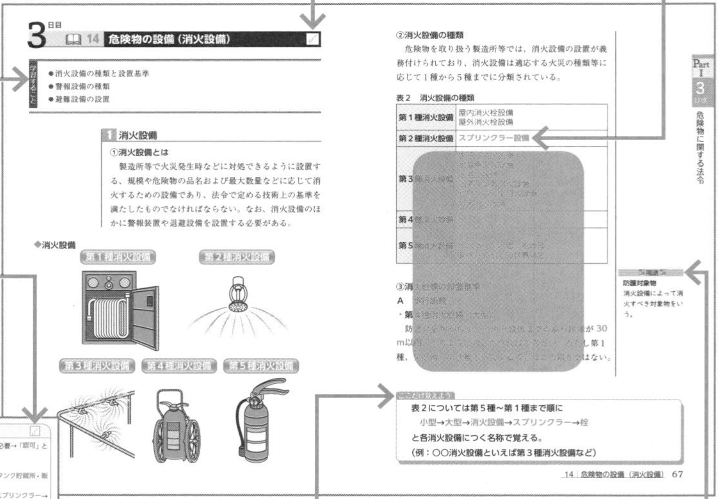

3日目 14 危険物の設備（消火設備）

学習すること
- 消火設備の種類と設置基準
- 警報設備の種類
- 避難設備の設置

1 消火設備

①消火設備とは

製造所等で火災発生時などに対処できるように設置する、規模や危険物の品名および最大数量などに応じて消火するための設備であり、法令で定める技術上の基準を満たしたものでなければならない。なお、消火設備のほかに警報装置や退避設備を設置する必要がある。

◆消火設備

第1種消火設備　第2種消火設備　第3種消火設備　第4種消火設備　第5種消火設備

②消火設備の種類

危険物を取り扱う製造所等では、消火設備の設置が義務付けられており、消火設備は適応する火災の種類等に応じて1種から5種までに分類されている。

表2　消火設備の種類

第1種消火設備	屋内消火栓設備 屋外消火栓設備
第2種消火設備	スプリンクラー設備
第3	
第4	
第5	

③消

A

・第

防　　　　　　　　が 30

m以　　　　　　　　し第1

種、　　　　　　　はない。

用語
防護対象物
消火設備によって消火すべき対象物をいう。

ここだけ覚えよう
表2については第5種～第1種まで順に
小型→大型→消火設備→スプリンクラー→栓
と各消火設備につく名称で覚える。
（例：○○消火設備といえば第3種消火設備など）

14 危険物の設備（消火設備）　67

Part I 3日目 危険物に関する法令

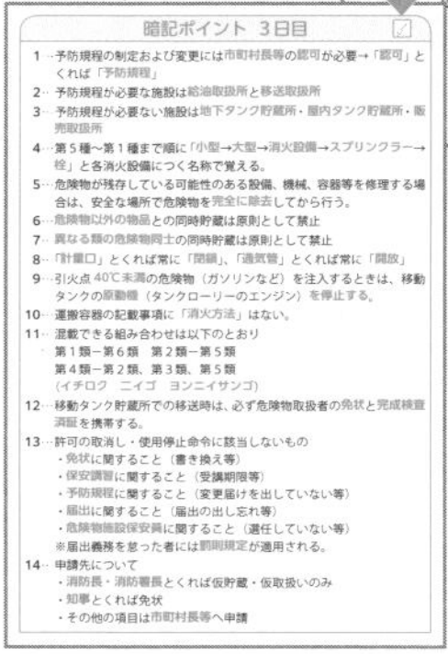

暗記ポイント　3日目

1…予防規程の制定および変更には市町村長等の認可が必要→「認可」とくれば「予防規程」
2…予防規程が必要な施設は給油取扱所と移送取扱所
3…予防規程が必要ない施設は地下タンク貯蔵所・屋内タンク貯蔵所・販売取扱所
4…第5種～第1種まで順に「小型→大型→消火設備→スプリンクラー→栓」と各消火設備につく名称で覚える。
5…危険物が残存している可能性のある設備、機械、容器等を修理する場合は、安全な場所で危険物を完全に除去してから行う。
6…危険物以外の物品との同時貯蔵は原則として禁止
7…異なる類の危険物同士の同時貯蔵は原則として禁止
8…「計量口」とくれば常に「閉鎖」、「通気管」とくれば常に「開放」
9…引火点 40℃未満の危険物（ガソリンなど）を注入するときは、移動タンクの原動機（タンクローリーのエンジン）を停止する。
10…運搬容器の記載事項に「消火方法」はない。
11…混載できる組み合わせは以下のとおり
第1類－第6類　第2類－第5類
第4類－第2類、第3類、第5類
（イチロク　ニイゴ　ヨンニイサンゴ）
12…移動タンク貯蔵所での移送時は、必ず危険物取扱者の免状と完成検査済証を携帯する。
13…許可の取消し・使用停止命令に該当しないもの
・免状に関すること（書き換え等）
・保安講習に関すること（受講期限等）
・予防規程に関すること（変更届けを出していない等）
・届出に関すること（届出の出し忘れ等）
・危険物施設保安員に関すること（選任していない等）
※届出義務を怠った者には罰則規定が適用される。
14…申請先について
・消防長・消防署長とくれば仮貯蔵・仮取扱いのみ
・知事とくれば免状
・その他の項目は市町村長等へ申請

ここだけ覚えよう

覚えてほしい重要ポイントをまとめたもの。試験前の最終チェックにも最適です。

欄外にあるアイコン

用語	難しい言葉や専門用語の解説です。
チェック	補足事項をピックアップしています。
⚠注　意⚠	間違えやすい箇所です。注意しましょう。

STEP 2 アウトプットの時間

1．Part すべての内容を読み終わったら、Part の最後にある一問一答式の理解度チェックで知識を点検。
2．このとき、1人で解いてもいいし、一緒に勉強している仲間がいたら、問題を互いに出し合いっこするのも効果的 !!

理解度チェック

ひととおり解いて、次に移ってもよいと思ったら、ここに☑をして次に進みましょう。

チェックボックス

解けたごとに☑をつけてもよいし、終わったごとに☑をつけてもよいし、使い方は自由。

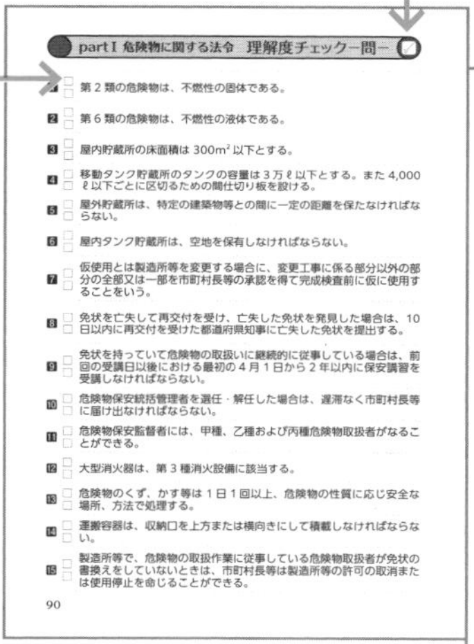

part I 危険物に関する法令　理解度チェック一問一

1 第 2 類の危険物は、不燃性の固体である。
2 第 6 類の危険物は、不燃性の液体である。
3 屋内貯蔵所の床面積は 300m² 以下とする。
4 移動タンク貯蔵所のタンクの容量は 3 万 ℓ 以下とする。また 4,000 ℓ 以下ごとに区切るための間仕切り板を設ける。
5 屋外貯蔵所は、特定の建築物等との間に一定の距離を保たなければならない。
6 屋内タンク貯蔵所は、空地を保有しなければならない。
7 仮使用とは製造所等を変更する場合に、変更工事に係る部分以外の部分の全部又は一部を市町村長等の承認を得て完成検査前に仮に使用することをいう。
8 免状を亡失して再交付を受け、亡失した免状を発見した場合は、10 日以内に再交付を受けた都道府県知事に亡失した免状を提出する。
9 免状を持っていて危険物の取扱いに継続的に従事している場合は、前回の受講日以後における最初の 4 月 1 日から 2 年以内に保安講習を受講しなければならない。
10 危険物保安統括管理者を選任・解任した場合は、遅滞なく市町村長等に届け出なければならない。
11 危険物保安監督者には、甲種、乙種および丙種危険物取扱者がなることができる。
12 大型消火器は、第 3 種消火設備に該当する。
13 危険物のくず、かす等は 1 日 1 回以上、危険物の性質に応じ安全な場所、方法で処理する。
14 運搬容器は、収納口を上方または横向きにして積載しなければならない。
15 製造所等で、危険物の取扱作業に従事している危険物取扱者が免状の書換えをしていないときは、市町村長等は製造所等の許可の取消または使用停止を命じることができる。

90

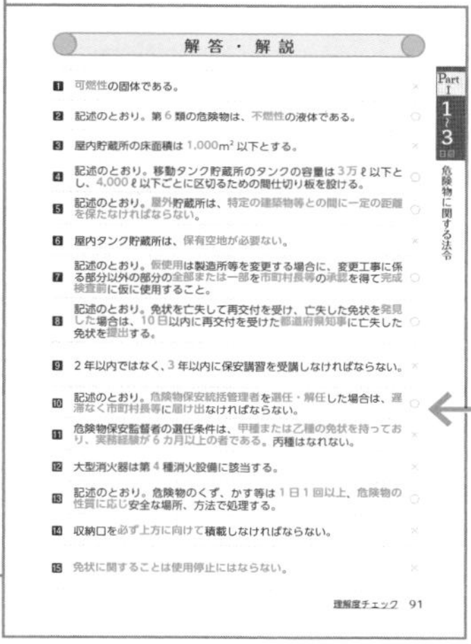

解答・解説

1 可燃性の固体である。 ×
2 記述のとおり。第 6 類の危険物は、不燃性の液体である。 ○
3 屋内貯蔵所の床面積は 1,000m² 以下とする。 ×
4 記述のとおり。移動タンク貯蔵所のタンクの容量は 3 万 ℓ 以下とし、4,000 ℓ 以下ごとに区切るための間仕切り板を設ける。 ○
5 記述のとおり。屋外貯蔵所は、特定の建築物等との間に一定の距離を保たなければならない。 ○
6 屋内タンク貯蔵所は、保有空地が必要ない。 ×
7 記述のとおり。仮使用は製造所等を変更する場合に、変更工事に係る部分以外の部分の全部または一部を市町村長等の承認を得て完成検査前に仮に使用すること。 ○
8 記述のとおり。免状を亡失して再交付を受け、亡失した免状を発見した場合は、10 日以内に再交付を受けた都道府県知事に亡失した免状を提出する。 ○
9 2 年以内ではなく、3 年以内に保安講習を受講しなければならない。 ×
10 記述のとおり。危険物保安統括管理者を選任・解任した場合は、遅滞なく市町村長等に届け出なければならない。 ○
11 危険物保安監督者の選任条件は、甲種または乙種の免状を持っており、実務経験が 6 カ月以上の者である。丙種はなれない。 ×
12 大型消火器は第 4 種消火設備に該当する。 ×
13 記述のとおり。危険物のくず、かす等は 1 日 1 回以上、危険物の性質に応じ安全な場所、方法で処理する。 ○
14 収納口を必ず上方に向けて積載しなければならない。 ×
15 免状に関することは使用停止にはならない。 ×

理解度チェック　91

正 解 欄

暗記シートで答えを隠して一問一答にチャレンジしてみましょう！

STEP 3 チャレンジの時間

1．本番と同じく 2 時間で 35 問解けるように、時間をはかって問題にチャレンジ。
2．解答・解説を見て、間違えたところは Part I ～ Part Ⅲ に戻って再インプット。

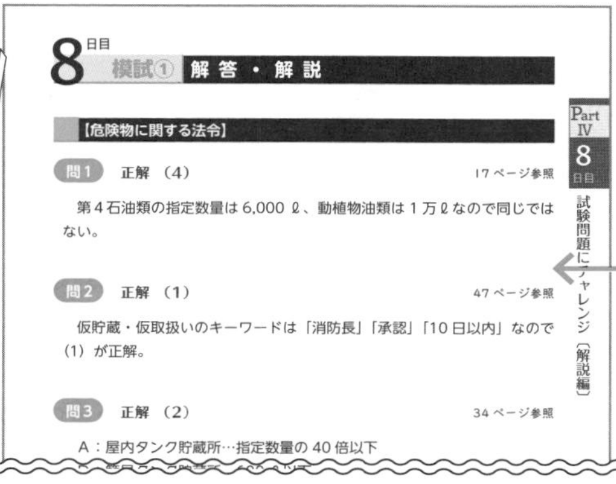

8日目 模試① 解答・解説

【危険物に関する法令】

問1　正解 （4）　17 ページ参照

第 4 石油類の指定数量は 6,000 ℓ、動植物油類は 1 万 ℓ なので同じではない。

問2　正解 （1）　47 ページ参照

仮貯蔵・仮取扱いのキーワードは「消防長」「承認」「10 日以内」なので（1）が正解。

問3　正解 （2）　34 ページ参照

A：屋内タンク貯蔵所…指定数量の 40 倍以下

問 題 編

取り外しができます。
巻末には解答用紙付き！

解答・解説編

正解に関する記述については、テキストの参照ページを掲載しています。

STEP 4
成績診断の時間

1. 解答をチェックしたら、自分の結果を記入。
2. 合格基準の 60%を超えていたら上出来！　超えていても超えていなくても、点数が低い科目は苦手分野と認識。
3. 該当 Part に戻って復習 !!

成績診断（第1回）

第 1 回目の模擬試験は終わりました。188 ページの正解一覧でチェックした結果をもとに、下記の表をうめてみましょう。何問できたかな！

試験科目		合格基準	結果
Part I	危険物に関する法令	9 問	7 / 15 問
Part II	基礎的な物理学および化学	6 問	6 / 10 問
Part III	危険物の性質	6 問	10 / 10 問
合　計		21 問	23 / 35 問

※合格基準は全体の 60%です。

★点数が低い科目は苦手分野ですので、復習をしっかりやりましょう。

□危険物に関する法令　→　Part I　13 ページに戻る
□基礎的な物理学および化学　→　Part II　93ページに戻る
□危険物の性質　→　Part III　147 ページに戻る

気がついたことをメモしましょう

・数字が苦手なので、重点的に暗記！
・危険物の性質の違いはけっこう得意。
この調子！

苦手分野のチェック

合格基準を下回ってしまった分野を☑して、もう一度テキストの該当ページに戻って復習しましょう。

現状の見える化

模試の結果をふまえて、自分の得意分野や苦手分野を見える化して把握しておくことは、今後の学習計画にも役立ちます。

結　果

出題数中、何問正解できたか記入してみましょう。

合格基準

あくまでも目標値です
これに達しなかったか
といってがっかりする
要はありません。もし
基準を下回っていたら
そこを苦手分野とし
しっかり復習すればバ
チリです！

Part I

危険物に関する法令

本試験での出題数15問

危険物を安全に取り扱う際に必要となる関係法令をまとめた。暗記する事項が多いが、基礎となる項目なのでしっかりと覚えよう。

O T S U Y O N

1日目

1 危険物とは

学習すること

- 危険物の分類と特徴
- 危険物第１類～第６類の性質と性状

1 危険物の特徴

これから学んでいく危険物とは、世間一般に危険物と呼ばれるものすべてではなく、**消防法**という法律で定められたものである。そもそも消防法とは、火災予防や災害による被害を防ぐために定められた法律のこと。そのため火災を発生させたり、拡大させたりする危険性の高い物質である危険物は消防法で規制を受けている。

消防法２条７項には、危険物は**「別表第１の品名欄に掲げる物品で、同表に定める区分に応じ同表の性質欄に掲げる性状を有するものをいう」**と定められている。

消防法で定める危険物は、どのような特徴があるか（性質）、どのような形で存在しているか（性状）によって第１類から第６類の６種類に分類されている。危険物には「気体」がないことに注意しよう。

チェック

注意事項の掲示板
ここでいう掲示板とは製造所等で掲げられる掲示板のこと。ガソリンスタンドで防火塀にある「火気厳禁」と書かれたものなど。

火気厳禁

火気注意

禁　水

表１　第１類～第６類までの性質と性状（抜粋）

類別	性質・性状	性質概要	注意事項の掲示板
第１類	酸化性固体	不燃性の固体	禁水
第２類	可燃性固体	可燃性の固体	火気注意・火気厳禁
第３類	自然発火性物質および禁水性物質	可燃性で固体と液体の両方	火気厳禁・禁水
第４類	**引火性液体**	**可燃性**の液体	**火気厳禁**
第５類	自己反応性物質	可燃性で固体と液体の両方	火気厳禁
第６類	酸化性液体	不燃性の液体	

表中の**注意事項の掲示板**の記載事項は性質・性状を考慮して定められている。つまり、第１類から第６類までの性質・性状（148ページ～）を覚えればこれらの記載事項等は覚えなくてもおのずと解答が見えてくるのだ。

ここだけ覚えよう

- **第１類→第６類という順番で固体→液体（第３類と第５類は両方）**
- **第１類と第６類は酸化性であり不燃性《ふねんせい》**
- **第１類は禁水であり、掲示板には禁水《きんすい》が必要**
- **第２類から第５類は可燃性《かねんせい》であり、掲示板には火気厳禁《かきげんきん》が必要**
- **第２類のうち引火性の固体を除くものであれば、掲示板には火気注意《かきちゅうい》が必要**
- **第３類のうち禁水性物質については、掲示板に禁水が必要**
- **危険物は「危険度」で分類されているわけではない。**
- **危険物に「気体」はない。**

2 性質について

危険物は性質によっても区分できる。

酸化性	違う物質に**酸素**を与える性質を持っているということ。
不燃性	その物質自体は燃えたりしないということ。
可燃性	不燃性とは逆で、その物質自体が燃える性質を持っているということ。
禁水性物質	**水**に触れると発熱、発火したり可燃性ガスを発生したりする物質のこと。
自然発火性物質	**空気**に触れると点火源がなくても自然に発火してしまう物質のこと。
自己反応性物質	その物質自身が**酸素**を持っているので、酸素がなくても燃える性質を持った物質のこと。

⚠注 意⚠

酸化性
燃えるもの（可燃物）があれば激しく燃える可能性があるものもある。

不燃性
可燃物がなければ燃えないということ。

可燃性
火がつきやすいということ。

表2　消防法別表第1

類別	性　質	品　名
第1類	酸化性固体	①**塩《えん》素《そ》酸《さん》塩《えん》類《るい》**　②過塩素酸塩類　③無機過酸化物 ④亜塩素酸塩類　⑤臭素酸塩類　⑥硝酸塩類 ⑦よう素酸塩類　⑧過マンガン酸塩類 ⑨重クロム酸塩類　⑩その他政令で定めるもの ⑪前各号に掲げるもののいずれかを含有するもの
第2類	可燃性固体	①硫化りん　②赤りん　③硫黄　④鉄粉　⑤金属粉 ⑥マグネシウム　⑦その他政令で定めるもの ⑧前各号に掲げるもののいずれかを含有するもの ⑨引火性固体
第3類	自然発火性物質および禁水性物質	①カリウム　②ナトリウム　③アルキルアルミニウム ④アルキルリチウム　⑤**黄《おう》りん** ⑥アルカリ金属（カリウムおよびナトリウムを除く）およびアルカリ土類金属 ⑦有機金属化合物（アルキルアルミニウムおよびアルキルリチウムを除く） ⑧金属の水素化合物　⑨金属のりん化物 ⑩カルシウムまたはアルミニウムの炭化物 ⑪その他政令で定めるもの ⑫前各号に掲げるもののいずれかを含有するもの
第4類	**引火性液体**	①**特殊引火物**　②**第1石油類**　③**アルコール類** ④**第2石油類**　⑤**第3石油類**　⑥**第4石油類** ⑦**動植物油類**
第5類	自己反応性物質	①有機過酸化物　②硝酸エステル類　③ニトロ化合物 ④ニトロソ化合物　⑤アゾ化合物　⑥ジアゾ化合物 ⑦ヒドラジンの誘導体　⑧ヒドロキシルアミン ⑨ヒドロキシルアミン塩類　⑩その他政令で定めるもの ⑪前各号に掲げるもののいずれかを含有するもの
第6類	酸化性液体	①過塩素酸　②**過酸化水素**　③硝酸 ④その他政令で定めるもの ⑤前各号に掲げるもののいずれかを含有するもの

2 危険物第４類

学習すること

- 危険物第４類の危険度をはかる引火点と指定数量

1 乙四危険物取扱者が扱える危険物

消防法では危険物の中でも引火しやすい液体の危険物のことを**危険物第４類**として分類している。これが乙種第４類（乙四《おつよん》）危険物取扱者の取り扱える危険物ということになる。

危険物第４類は危険の度合いにより表３のように７つの品名に分類されている。これを見ると、引火点が低く、指定数量が少ないほど危険性が高くなっている。つまり、表の上ほど引火点が低く、指定数量が少ないので、危険性が高いということになる。

表３　第４類の引火点と指定数量

品　名	試験でよくでる細別	指定数量	引火点
特　殊引火物	（非水溶性）**ジエチルエーテル**、二硫化炭素	50 ℓ	−20℃以下および沸点40℃以下
	（水溶性）酸化プロピレン、アセトアルデヒド	50 ℓ	
第　1石油類	（非水溶性）**ガソリン**、ベンゼン、トルエン	200 ℓ	21℃未満
	（水溶性）アセトン、ピリジン	400 ℓ	
アルコール類	（水溶性）**メタノール**、**エタノール**	400 ℓ	規定なし
第　2石油類	（非水溶性）**灯油**・**軽油**、キシレン	1,000 ℓ	21℃以上70℃未満
	（水溶性）酢酸（氷酢酸）、プロピオン酸	2,000 ℓ	
第　3石油類	（非水溶性）**重油**、クレオソート油、ニトロベンゼン	2,000 ℓ	70℃以上200℃未満
	（水溶性）グリセリン	4,000 ℓ	
第　4石油類	（非水溶性）ギヤー油、シリンダー油	6,000 ℓ	200℃以上250℃未満
動植物油　類	（非水溶性）アマニ油、ヤシ油	1 万 ℓ	250℃未満

チェック

引火点
135 ページを参照。

指定数量
19 ページを参照。

チェック

表３は、法令、物理化学、性質すべての章で使用する基本中の基本。この表を覚えることが合格への第一歩だ。まずはこの表を覚えることから始めよう。

チェック

アルコール類
メタノール、エタノールは、それぞれメチルアルコール、エチルアルコールといういい方もするので覚えておこう。

⚠注　意⚠

アルコール類の引火点については、消防法別表第１の備考欄に特に規定がない。

2 危険物かどうかの判定

消防法上の危険物かどうかは、第１類～第６類まで、危険性を判断する**政令で定める試験**において該当する性状を示すかどうかによって決定される。

チェック

表４は消防法別表第１備考欄の内容

表４　第４類の性状による定義（第４類備考）

引火性液体	液体（第３石油類、第４石油類および動植物油類にあっては、１気圧において、温度 20℃で液状であるものに限る）であって、引火の危険性を判断するための政令で定める試験において引火性を示すものであることをいう。
特殊引火物	ジエチルエーテル、二硫化炭素その他１気圧において発火点が 100℃以下のもの、または引火点が**零下 20℃**以下で沸点が **40℃**以下のものをいう。
第１石油類	アセトン、ガソリンその他１気圧において**引火点が 21℃未満**のものをいう。
アルコール類	**１分子を構成する炭素の原子の数が１個から３個までの飽和１価アルコール**（変性アルコールを含む）をいい、組成等を勘案して総務省令で定めるものを除く。
第２石油類	灯油、軽油その他１気圧において**引火点**が **21℃以上 70℃未満**のものをいい、塗料類その他の物品であって、組成等を勘案して総務省令で定めるものを除く。
第３石油類	重油、クレオソート油その他１気圧において**引火点が 70℃以上 200℃未満**のものをいい、塗料類その他の物品であって、組成を勘案して総務省令で定めるものを除く。
第４石油類	ギヤー油、シリンダー油その他１気圧において引火点が 200℃以上 250℃未満のものをいい、塗料類その他の物品であって、組成を勘案して総務省令で定めるものを除く。
動植物油類	動物の脂肉等または植物の種子もしくは果肉から抽出したものであって、１気圧において引火点が 250℃未満のものをいい、総務省令で定めるところにより貯蔵保管されているものを除く。

ここだけ覚えよう

- **性状による定義については、太字になっている部分（特に赤字の数値）が問われるので覚えておく。**
- **引火点が低いほど、指定数量が少ないほど危険性が高い → つまり、表３の上ほど引火点が低く、指定数量が少ないので、危険性が高い。**
- **アルコール（お酒）は水割りで飲むので水溶性**
- **「○○酸」と最後に「酸」が付くのは、酢酸など第２石油類の水溶性**
- **指定数量の値 → 水溶性は非水溶性の倍**
- **「ア」が付くものには水溶性が多い（アセトン・アセトアルデヒドなど）。**

1日目

3 危険物の法的体制

学習すること

- 指定数量とは何か
- 消防法の適用範囲と指定数量
- 運搬と消防法

1 指定数量の定義

指定数量とは「消防法で危険性を勘案して政令で定めた数量」のことであり、その危険物がどれくらい危険なのか判断する基準となっている。**この数量が少ないほどその物質の危険性が高く、多いほど危険性は少ないということになる**。

2 危険物の法的体制

指定数量以上の危険物は消防法で規制されるが、指定数量の倍数が**1より小さい場合**（指定数量未満）は危険度が低いため、**消防法の適用を受けなくなる**。しかし危険物には変わりないので、**それぞれの市町村条例の適用を受ける**。

ただし、危険物をタンクローリーなどで移送する場合や車両で運搬する場合は、**その数量に関係なく消防法の適用を受ける**ので注意する。なお、灯油を買って家に持ち帰るのも**運搬**である。

⚠注　意⚠

航空機・鉄道・船舶などでの運搬は消防法で規制されない → それぞれ航空法などで安全に運搬できるよう規制されているからである。

ここだけ覚えよう

- **指定数量は消防法で危険性を勘案して政令で定めた数量のこと。**
- **指定数量はその危険物がどれくらい危険なのかの判断基準となる。**
- **指定数量以上の危険物 → 消防法で規制される。**
- **指定数量未満の危険物 → 市町村条例で規制される。**
- **危険物の運搬 → 指定数量にかかわらず消防法で規制される。**

1 日目

4 危険物の分類と計算（指定数量の計算方法）

学習すること

- 指定数量の倍数とは何か
- 指定数量の倍数の計算方法

1 指定数量の倍数

指定数量をもとに24ページに出てくる製造所等の位置、構造、設備等の技術上の基準および貯蔵取扱いの基準が定められている。

また、実際の製造所等の施設では、取り扱う基準の量が指定数量の何倍あるか（**指定数量の倍数**）によって基準が変わるので、**取り扱う量（貯蔵量）を指定数量で割ることで計算することができる。**

表5　重要指定数量

品　名	種　別	指定数量
特殊引火物	ジエチルエーテルなど	50 ℓ
第１石油類（非水溶性）	ガソリンなど	200 ℓ
第１石油類（水溶性）	アセトンなど	400 ℓ
アルコール類（水溶性）	メタノール、エタノール	400 ℓ
第２石油類（非水溶性）	灯油・軽油など	1,000 ℓ
第２石油類（水溶性）	酢酸など	2,000 ℓ
第３石油類（非水溶性）	重油など	2,000 ℓ

2 指定数量の倍数の計算方法

①同一場所でAという物質を貯蔵している場合

$$\frac{\text{Aの貯蔵量}}{\text{Aの指定数量}}=\text{指定数量の倍数}$$

異なる危険物を同一場所で貯蔵するときは、それぞれの危険物の指定数量の倍数を求めて、それを足した数字

◆計算のイメージ

指定数量の倍数 ガソリンを1,200ℓ同一場所で貯蔵する場合の指定数量の倍数を**200ℓのドラム缶**に例えると……

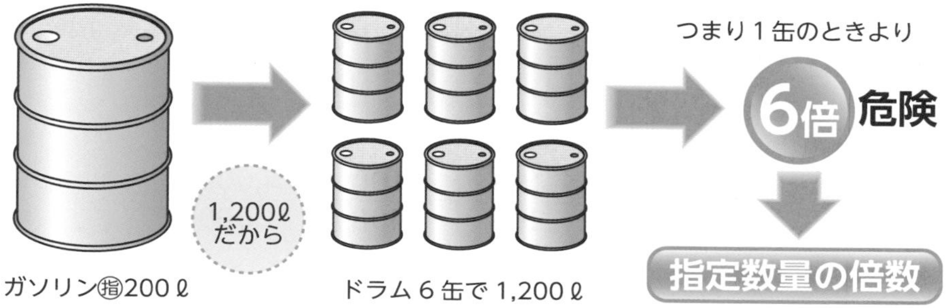

がその施設の指定数量の倍数となる。

②同一場所で複数物質A・B・Cを貯蔵している場合

$$\frac{\text{Aの貯蔵量}}{\text{Aの指定数量}}+\frac{\text{Bの貯蔵量}}{\text{Bの指定数量}}+\frac{\text{Cの貯蔵量}}{\text{Cの指定数量}}$$

＝指定数量の倍数

複数物質の場合は複雑なので、例題を見てみよう。

例題 1

ガソリン400ℓ　軽油2,000ℓ　灯油4,000ℓを同一場所で貯蔵している施設の指定数量の倍数は、指定数量がそれぞれ200ℓ、1,000ℓ、灯油1,000ℓなので、②の式にあてはめて計算すると、

$$\frac{400}{200}+\frac{2,000}{1,000}+\frac{4,000}{1,000}=8$$

となり、ガソリン→400 ÷ 200 ＝ 2　軽油→2,000 ÷ 1,000 ＝ 2　灯油→4,000 ÷ 1,000 ＝ 4　合計すると2＋2＋4＝8となる。

つまり、この場所では**指定数量の8倍の危険物**を貯蔵していることになり、指定数量の倍数が、それぞれ1を超えている(指定数量以上)ため、消防法の適用を受ける。

⚠注　意⚠

指定数量の倍数が1より小さい場合は消防法の適用は受けないが、1より大きい場合は適用を受ける(19ページ参照)。

例題 2

同一の貯蔵所でガソリン 150 ℓ、エタノール 100 ℓ、灯油 350 ℓ を貯蔵している場合、指定数量はそれぞれ 200 ℓ、400 ℓ、1,000 ℓ なので、

式にあてはめると、

$$\frac{150}{200}+\frac{100}{400}+\frac{4,000}{1,000}$$

それぞれ計算すると、

ガソリン→ 150 ÷ 200 ＝ 0.75　エタノール→ 100 ÷ 400 ＝ 0.25　灯油→ 350 ÷ 1000 ＝ 0.35 となり、これらを合計すると 0.75 ＋ 0.25 ＋ 0.35 ＝ 1.35 となる。

つまり、この場所では、個別の危険物の指定数量の倍数は 1 未満（指定数量未満）であるが、合計すると 1 以上（指定数量以上）になるので、指定数量以上の危険物を貯蔵しているとみなされ、消防法による規制を受けることになる。

ここだけ覚えよう

- **取り扱う危険物が指定数量の何倍あるか→指定数量の倍数**
- **指定数量は計算で割り出すことができる。**
- **違う危険物を同一場所で貯蔵する場合は、各危険物の指定数量の倍数を加算する。**

暗記ポイント　1日目

1…第１類→第６類という順番で**固体**→**液体**（第３類と第５類は**両方**）

2…危険物は「**危険度**」で分類されているわけではない。

3…危険物に「**気体**」はない。

4…指定数量の値→**水溶性は非水溶性の倍**。

5…「**ア**」が付くものには**水溶性**が多い（アセトン・アセトアルデヒドなど）。

6…指定数量以上の危険物→**消防法**で規制される。

7…指定数量未満の危険物→**市町村条例**で規制される。

8…危険物の**運搬**→指定数量にかかわらず**消防法**で規制される。

9…違う危険物を同一場所で貯蔵する場合は各危険物の指定数量の**倍数を加算**する。

2日目 5 各製造所等の設備と基準

学習すること
- 危険物を取り扱う施設の種類と定義
- 各製造所等の構造・設備の基準

1 製造所等とは

危険物を取り扱う施設には大きく分けると、危険物を製造する施設である**製造所**（例：石油コンビナート）、タンクなどに危険物を保管しておく**貯蔵所**（例：地下タンク）、危険物の販売などを行う**取扱所**（例：ガソリンスタンド）の３つがあり、これらをまとめて**製造所等**という。これらはその危険物の**指定数量の倍数**などによって設置場所や設備の基準などが設けられている。

2 製造所

①製造所とは

危険物を製造する施設をいう。これは危険物を製造している施設そのものだけでなく、その他の工作物や空地、付帯施設も含んでいる。

◆製造所

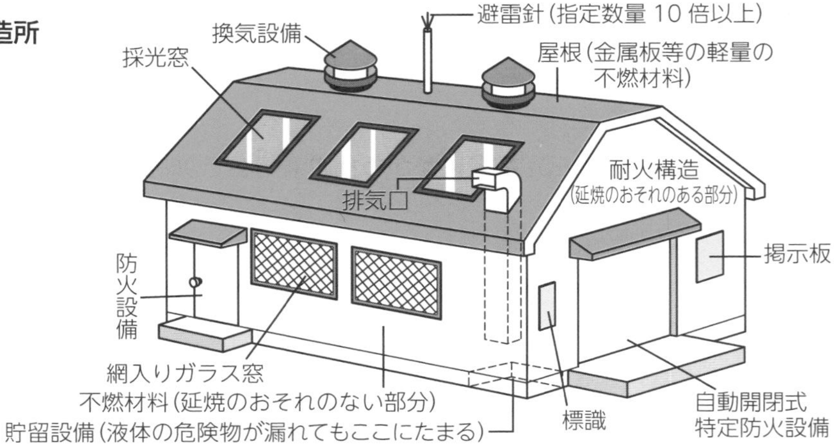

②構造等の基準

- 建築物は**地階を有しないもので、壁、柱、床、はりおよび階段を不燃材料でつくらなければならない**。また延焼のおそれのある外壁は耐火構造の壁とする。
- 屋根は原則として不燃材料でつくる。
- 窓および出入口にガラスを用いる場合は、**網入りガラスとする**。
- 液状の危険物を扱う場合の床は**危険物が浸透《しんとう》しない構造とする。また適当な傾斜をつけ、漏れた油を処理しやすいように貯留設備《ちょりゅうせつび》（ためます）を設ける**。屋外の場合は油分離装置を設ける。
- 特定建築物との間に保安距離と保有空地を設けなければならない。

③製造所の設備

- **採光、照明、換気の設備を設ける**。
- 流出を防ぐ構造、措置をすること。
- 危険物を加熱する設備等として温度測定装置を設ける。
- 加熱乾燥設備には原則として直火を使用しない。
- **電気設備は法令に基づき設置し、可燃性ガスが滞留するおそれのある場合は防爆構造《ぼうばくこうぞう》とする**。
- **指定数量の倍数が10倍以上の製造所には、避雷設備《ひらいせつび》を設けなければならない**。
- 危険物を取り扱うタンクは原則として、タンク別の基準により設ける。
- 屋外タンクの場合で液状の危険物を貯蔵するタンクの場合は、タンクが1つの場合はタンク容量の50％以上、２つ以上の場合は最大タンクの容量の50％以上に加え、全タンクの容量を加算した数字の10％を加算した以上の容量の防油堤が必要である。

⚠注　意⚠

「窓および出入口にガラスを用いる場合は、網入りガラスとする」とは、言い換えれば窓や出入口にガラスを使用できるということ!!

チェック

貯留設備(ためます)の設置については、28ページを参照。

チェック

保安距離については42ページ、保有空地については43ページを参照。

⚠注　意⚠

製造所内にある屋外タンクの防油堤

後述する屋外タンク貯蔵所とは違うので注意。こちらの基準は覚えなくてよい。

④配管の基準

- 設置条件、使用状況に応じて十分な強度であること。また最大常用圧の 1.5 倍以上の水圧実験で、漏えいその他の異常がないこと。
- 取り扱う危険物によって劣化しないものであること。
- 火災などの熱で容易に変形しないものであること。
- 地上の配管は地震や風圧、地盤沈下や気温変化による伸縮に対して安全なもので支持すること。
- 地下の配管は接合部の漏れを検知できる措置を講じ、配管上部の地盤にかかる重量が直接配管にかからないように保護すること。

ここだけ覚えよう

- **可燃性ガスが滞留するおそれのある場合の電気設備は防爆構造とするが、防爆構造は「すべて」にではなく、「可燃性ガスが滞留するおそれがあるとき」だけでよい。**
- **指定数量 10 倍以上の製造所であれば、避雷設備を設ける。「指定数量の 10 倍」とは設備を設ける基準でよく出てくる数字（例：警報装置等）だ。このような数字を問う問題でわからなければ 10 倍と考えよう（異なるものもあるが、正解の確率は高くなる）。**

3 屋内貯蔵所

①屋内貯蔵所とは

指定数量以上の危険物を屋内でドラム缶やブリキ缶など定められた容器に入れて保管する施設のことをいう。

②構造等の基準

- **貯蔵倉庫は専用の建築物とする。**
- 地盤面から軒の高さを 6 m 未満の平屋建てで、床は地盤面より高くする。

⚠注　意⚠

専用の建築物
つまり危険物の貯蔵以外はしてはいけないということ。

- **床面積は 1,000m^2 以下とする**。
- 壁、柱、床は耐火構造として、はりは不燃材料とする。
- 屋根は不燃材料でつくり、**天井は設けない**。
- 窓および出入口には防火設備を設け、ガラスを用いる場合は、**網入りガラス**とする。
- 液体の危険物の貯蔵倉庫の床は、**危険物が浸透しない構造とする。また適当な傾斜をつけ、漏れた油を処理しやすいように貯留設備（ためます）を設ける**。
- 禁水性のものまたは第４類の危険物を貯蔵する場合の床は、床面に水が浸入、浸透しない構造とする。
- 保安距離、保有空地については製造所と同じ。

チェック

保安距離については42ページ、保有空地については43ページを参照。

◆屋内貯蔵所

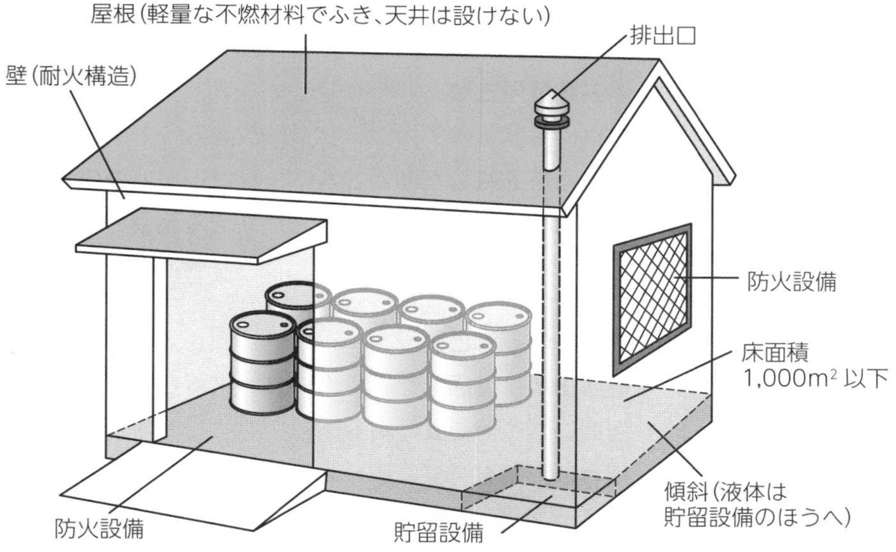

なぜ貯留設備（ためます）の設置が必要かというと液体の危険物を貯蔵する場合、容器が破損した場合や蒸気が漏れたりしたときなど、これらが屋外へ流出しないように、一方向へ流れるよう床に傾斜をつけ、その先に漏れた液体や蒸気をためる場所を作っておくことが必要だからだ。これがあれば万一流出したりしても、回収しやすくなる。

③屋内貯蔵所の設備

- 架台を設ける場合は不燃材料でつくる。
- 採光、照明、換気の設備を設ける。
- 危険物の温度が55℃を超えないようにする。
- 引火点が70℃未満の危険物を貯蔵する場合は、滞留した可燃性蒸気を屋根上に排出する設備を設ける。
- 電気設備、避雷設備は製造所と同じ。

チェック
製造所の電気設備、避雷設備については25ページを参照。

4 屋外貯蔵所

①屋外貯蔵所とは

屋外でドラム缶、ブリキ缶などの容器に指定数量以上の危険物を貯蔵したり、容器に入れないで塊の硫黄のみを地盤面の囲いの内側で貯蔵したりする施設のことをいう。

②構造等の基準と設備

- 貯蔵場所は乾燥した、排水の良い場所とする。
- 周囲にさく等を設ける。
- 架台は不燃材料で、固い地盤にしっかり固定し、高さは6m未満とする。
- 保安距離、保有空地については製造所と同じ。

チェック
保安距離については42ページ、保有空地については43ページを参照。

③貯蔵可能な危険物

- **硫黄《いおう》および引火点が0℃以上の引火性固体**

- **第４類の危険物のうち引火点が 0℃以上のもの**

④貯蔵できない危険物

- **引火点 0℃未満のもの**（特殊引火物・ガソリン・ベンゼン・アセトン）
- 禁水性物質（ナトリウムなど）

チェック

禁水性物質については、15ページを参照。

◆屋外貯蔵所

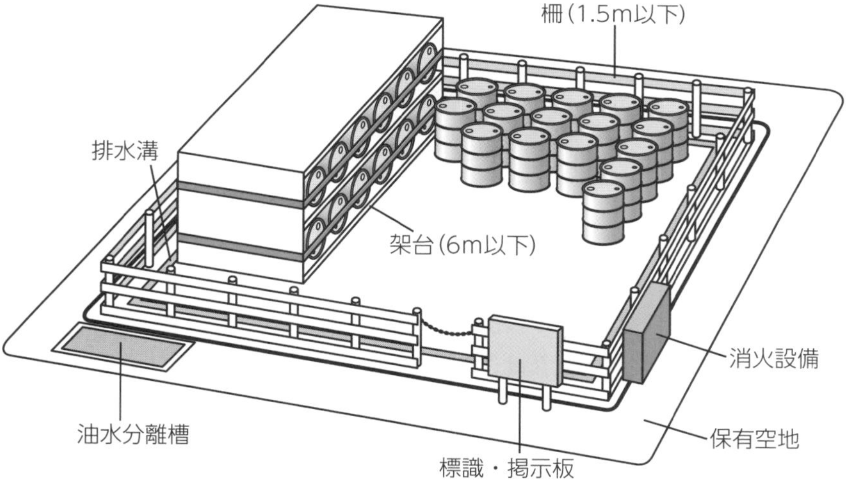

ここだけ覚えよう

- **屋外貯蔵所で貯蔵できない危険物は、引火点 0℃未満のもの（特殊引火物・ガソリン・ベンゼン・アセトン）と禁水性物質(ナトリウムなど)である。**
- **屋外貯蔵所で貯蔵できる危険物は、引火点 0℃以上のものと硫黄である。**

5 屋外タンク貯蔵所

①屋外タンク貯蔵所とは

屋外に設置したタンクで指定数量以上の危険物を貯蔵する施設のことをいう。

◆屋外タンク貯蔵所

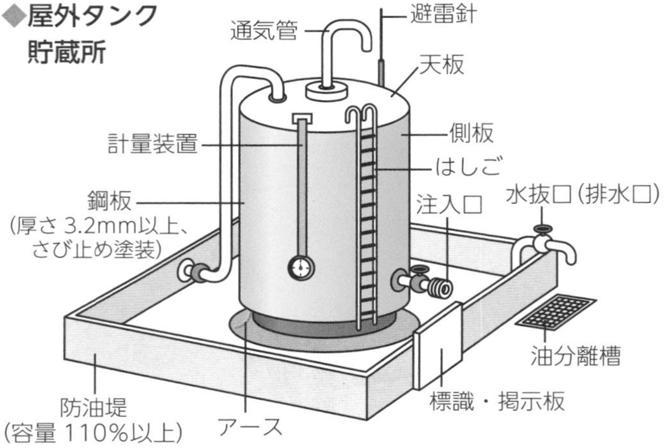

②構造等の基準

- タンクは、厚さ 3.2mm 以上の鋼板でつくる。
- 圧力タンクの場合は、最大常用圧の 1.5 倍以上の圧力で 10 分間行う水圧実験、それ以外のタンクでは水張試験で、漏えいその他の異常がないこと。
- 地震、風圧に耐える構造とし、支柱は耐火構造とする。
- 内圧が異常に上昇した場合には、内部のガス、蒸気を上部に放出できる構造とする。
- 外面にはさび止めの塗装を行う。
- 保安距離、保有空地については製造所と同じ。

チェック

保安距離については 42 ページ、保有空地については 43 ページを参照。

③屋外タンク貯蔵所の設備

- 圧力タンク以外のタンクには通気管、圧力タンクには安全装置を設ける。
- 液体の危険物を貯蔵する場合は、その量を自動的に表示する装置を設ける。
- ポンプ設備の周囲には幅3m以上の空地を設ける。
- タンクの注入口には弁、またはふたを設ける。
- 電気設備、避雷設備、配管は製造所と同じ。

④防《ぼう》油《ゆ》堤《てい》

タンクが万が一破損した場合、液体の危険物であれば、どんどん流れ出してしまう。これを防ぐために設置させるのが防油堤である。固体の場合は流れ出さないので必要がない。液体の危険物の屋外タンクには流出を防ぐための防油堤を設置しなければならず、防油堤の基準は次のとおりである。

- 高さは0.5m以上、面積は8万m^2以下とする。
- **防油堤の容量はタンク容量の110%以上とし、2つ以上のタンクの場合は、最大タンク容量の110%以上の容量とする。**
- 防油堤内に設置するタンクは10個以下とする。

6 屋内タンク貯蔵所

①屋内タンク貯蔵所とは

建物の中に設置したタンクで指定数量以上の危険物を貯蔵する施設のことをいう。

◆屋内タンク貯蔵所

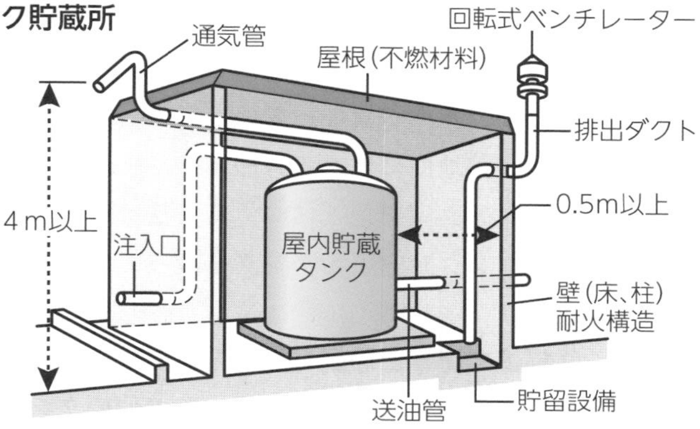

⊗チェック⊗

製造所の電気設備、避雷設備、配管については25、26ページを参照。

⊗チェック⊗

防油堤の容量

複数ある場合でも容量が最大タンクの110%なのは、複数個のタンクが同時に破損する可能性が非常に少ないと考えるからである。

②構造の基準と設備

- 屋内貯蔵タンクは、原則として平屋建て(例外がある)のタンクの専用室に設ける。

> ✕チェック✕
> **屋内タンクの最大容量**
> 同一のタンク専用室に2以上のタンクがある場合は、タンク容量を合算した量とする。

- 屋内貯蔵タンクとタンクを設置している専用室との壁は **0.5m 以上**の間隔を設けなければならない。また同じタンクの専用室内に2つ以上タンクを設置している場合は、その間の間隔も同じく 0.5m 以上設けなければならない。
- 屋内貯蔵タンクの容量は**指定数量の 40 倍以下**とする。ただし、第4石油類および動植物油類以外の第4類の危険物については**2万ℓ以下**としなければならない。
- 液体の危険物を貯蔵する専用室の床は、**危険物が浸透しない構造とし、適当な傾斜をつけ、貯留設備（ためます）を設ける。**
- タンク専用室の壁、床は耐火構造とし、はりや屋根は不燃材料でつくる。また天井は設けない。
- 専用室の出入り口のしきいは 0.2m 以上とする。
- **液体の危険物を貯蔵するタンクには、その量を自動で表示する装置を設ける。**

7 地下タンク貯蔵所

①地下タンク貯蔵所とは

地下にタンクを設置して指定数量以上の危険物を貯蔵する施設をいう。また地下への設置方法として次の3つがあり、基準が異なっている。

1　直接地面に埋める方法
2　タンク室を地下につくる方法
3　コンクリートでタンクを覆って地下に埋める方法

②構造の基準と設備（設置方法に共通のもの）

- 圧力タンクには安全装置、その他のタンクでは**通気管**《つうきかん》

◆地下タンク

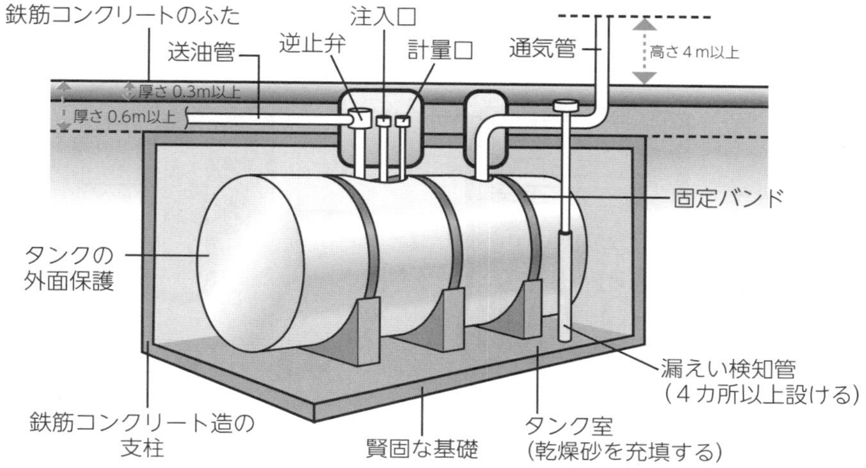

を設ける。

- 通気管の先端は地上より **4m** 以上とする。
- 液体の危険物を貯蔵するタンクでは計量装置もしくは計量口を設ける。
- 漏れを検知するための**漏《ろう》えい検《けん》知《ち》管《かん》を適切な位置に4カ所以上設ける**。

地下タンクは地下に埋設されている。そのため発生する危険物の蒸気を逃がすところがなく、通気管が設けられている。通気管によって発生した蒸気を逃がし、タンク内の圧力が異常にならないようにすることが大切だ。また、高さの基準があるのは、高い所から排出することで、空気中に蒸気を拡散させ、濃度が高くならないようにするためである。

> チェック
>
> **地下タンク貯蔵所の構造**
>
> 地下タンク貯蔵所の構造については、それぞれ細かい基準が定められているが特に覚える必要はない。基本事項さえ押さえておけば十分試験で解答できる。

8 簡易タンク貯蔵所

①簡易タンク貯蔵所とは

小さなタンクの中に危険物を貯蔵する施設のこと。具体的にはガソリンスタンドの給油する機械の中にタンクが入っているようなものである。

◆簡易タンク貯蔵所

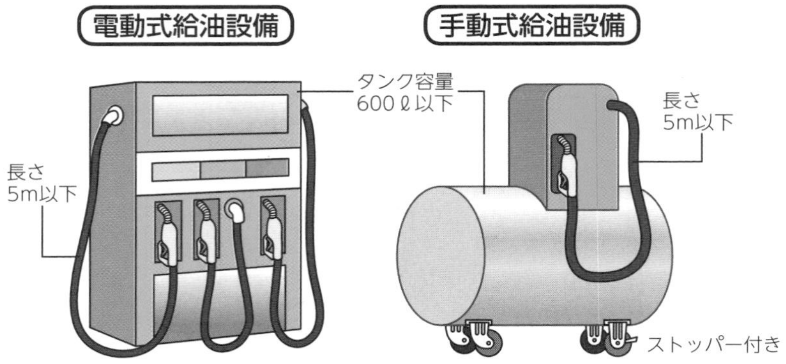

②構造の基準と設備

- タンク１基の容量は**600ℓ以下**とする。
- １つの簡易タンク貯蔵所には**3基**まで設置することができるが、同一品質の危険物は２基以上設置することはできない。
- 通気管を設ける。

チェック
保有空地については43ページを参照。

③簡易タンク貯蔵所の位置

保安距離は必要がないが、**屋外の場合は1ｍ以上の保有空地**が必要となる。

9 移動タンク貯蔵所（タンクローリー）

①移動タンク貯蔵所とは

車両に固定したタンクに指定数量以上の危険物を貯蔵し、または取り扱う施設のこと。いわゆるタンクローリーのことである。

②構造の基準と設備

- タンクの容量は**3万ℓ以下**とする。また**4,000ℓ以**

◆**移動タンク貯蔵所（タンクローリー）**

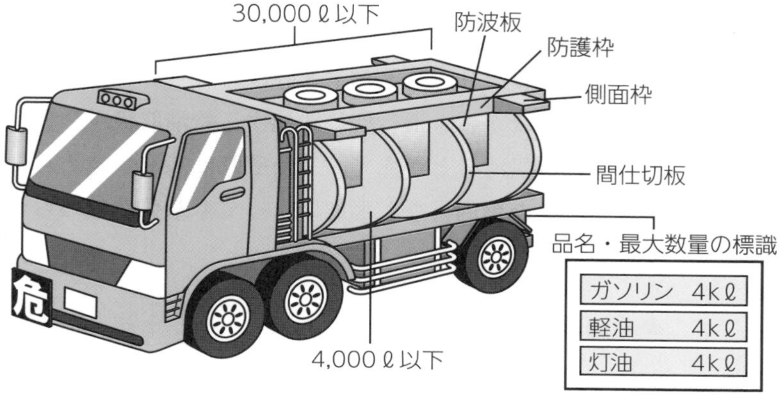

下ごとに区切るための間仕切り板を設け、2,000ℓ以上のタンク室には防波板を設ける。

- タンクは、厚さ3.2mm以上の鋼板でつくり、気密構造とする。
- 静電気による災害が発生する可能性がある液体の危険物を貯蔵する場合には**接地導線**《せっちどうせん》を設ける。
- 貯蔵し、または取り扱う危険物の類、品名および最大数量を表示する設備を見やすい箇所に設置して、標識を掲げなければならない。

用語

接地導線
いわゆるアースのこと。これにより、点火源になり得る静電気が発生しないようにする。

③移動タンク貯蔵所の位置

保安距離、保有空地ともに必要なし。ただし、車両を駐車する場所が屋外の場合は防火に注意し、屋内で車両を常設する場合は、**耐火構造**《たいかこうぞう》**または不燃材料でつくった建築物の1階**に置かなければならない。

ここだけ覚えよう

- **タンク容量は3万ℓ以下とする。**
- **4,000ℓ以下ごとの間仕切り板については、正誤問題でよく出題される項目。**

10 給油取扱所

①給油取扱所とは

いわゆるガソリンスタンドと呼ばれるもののことであるが、そのほかにも飛行機に給油する給油取扱所、自家用の給油取扱所などがあり、それぞれに基準が定められている。また屋内外など形態によっても基準が定められている。

◆**給油取扱所**

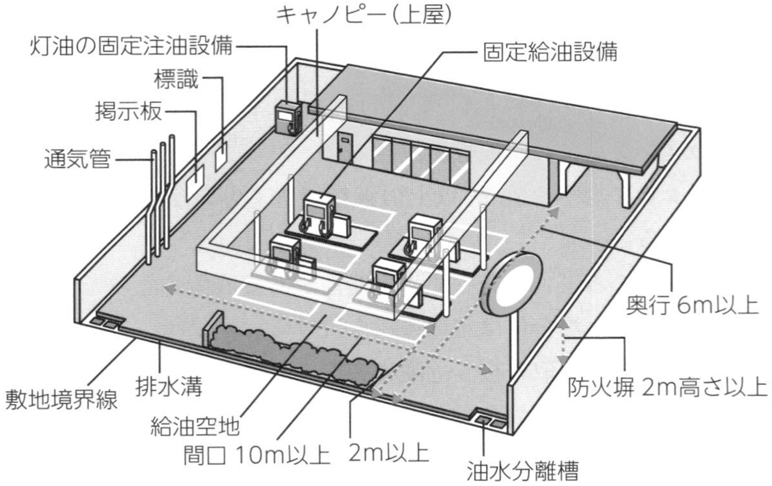

②構造の基準と設備

- 固定給油設備の周りには、自動車が出入りするための**間口 10m 以上、奥行き 6 m 以上**の**給油空地**が必要。
- 灯油の詰替えや、4,000 ℓ 以下のタンク容量の車両に固定されたタンクに注入するための固定注油設備には、周囲に注油するのに必要なだけの空地を、給油するための空地以外の場所に設ける。
- 給油空地、注油空地は地盤面より高くし、傾斜を付けたうえ、漏れた危険物が浸透しない舗装をする。

- 漏れた危険物や液体の危険物の蒸気が空地以外の場所に流出しないように、**排水溝《はいすいこう》および油分離装置《あぶらぶんりそうち》を設ける**。
- 固定給油設備、固定注油設備に接続する専用タンクまたは容量1万ℓ以下の廃油タンク等を地下に埋設して設置することができる。この地下に設置するタンクの基準は**地下タンクの基準と同じ**。
- 給油・注油のホースは、先端に弁を設け**全長5m以下**としなければならない。また静電気を除去する装置を設ける。
- 給油またはこれに関する業務に必要な建築物以外の建築物、その他工作物を設置することはできない。
- 周囲に高さ**2m以上**の耐火構造もしくは不燃材料の防火塀または防火壁を設ける。

◆固定給油設備

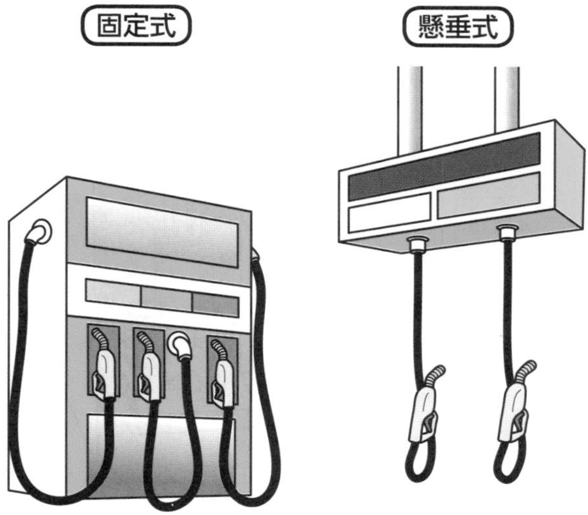

用語

給油と注油の違い

給油→自動車の燃料として危険物を入れること。

注油→容器に危険物を入れること。

チェック

給油取扱所に建築できるもの

- 給油または灯油もしくは軽油の詰め替えのための作業場。
- 給油取扱所の業務を行うための事務所。
- 給油等のために給油取扱所に出入りする者を対象とした店舗・飲食店または展示場。
- 自動車の点検・整備を行う作業場。
- 給油取扱所の所有者、管理者、占有者が居住する住居またはこれらのものに係る他の給油取扱所の業務を行うための事務所。

チェック

顧客が自ら給油等を行う給油取扱所（セルフ式スタンド）の主な基準

・セルフ式であることを明示する。
・燃料タンクが満タンになると給油が自動停止する構造の給油ノズルを設備。
・給油ノズルの色

【黄】ハイオク
【赤】レギュラー
【緑】軽油
【青】灯油

- セルフ式スタンドに関しては顧客自ら行う給油作業等の監視、制御等を行う制御卓を設ける。
- 診療所や遊技場（例：ボウリング場など）は併設できない（コンビニや飲食店などは可）。
- 給油空地からはみ出した状態で給油してはならない。

11 販売取扱所

①販売取扱所とは

店舗などで容器に危険物を入れたまま販売するところのこと（例：ペンキ屋）で、取り扱う危険物の量によって第１種と第２種に区分されている。

第１種販売取扱所→指定数量の 15 倍以下
第２種販売取扱所→指定数量の 15 倍超 40 倍以下

◆販売取扱所

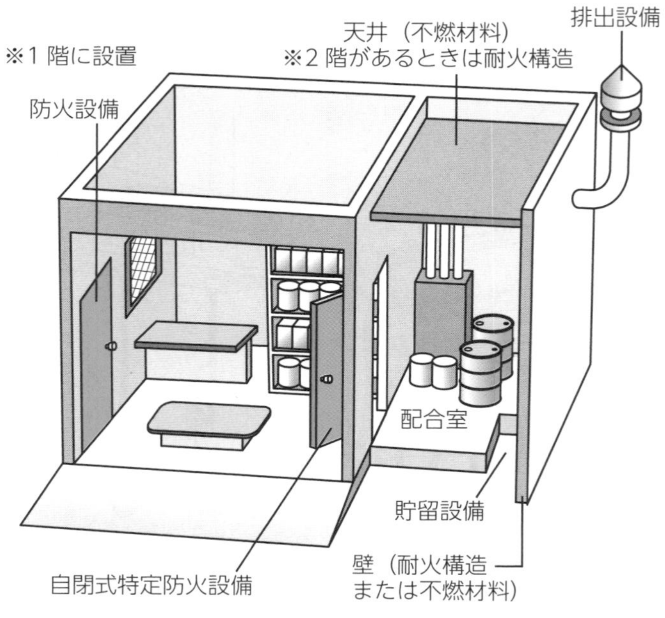

②構造の基準と設備

- 実際に販売する店舗の壁は準耐火構造にし、その他の部分を隔てる壁は耐火構造とする。
- 店舗に上階があるときは上階の床は耐火構造とし、屋根は耐火構造もしくは不燃材料とする。
- 店舗の窓および出入口には防火設備を設け、これらにガラスを用いる場合は**網入りガラスとする**)。

③販売取扱所の位置

店舗は建築物の**1階に設置する**。

> **チェック**
> 耐火構造もしくは不燃材料の塀を防火塀という。

12 移送取扱所

①移送取扱所とは

配管やポンプ等の設備で危険物の移送の取り扱いを行う施設のことである。いわゆる石油パイプラインのイメージ。

◆移送取扱所

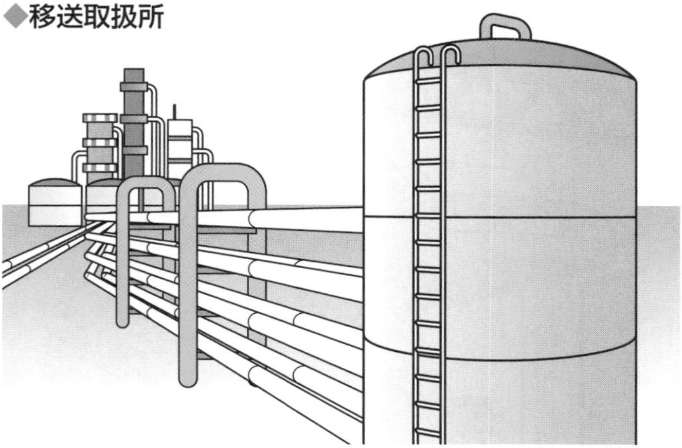

②構造の基準と設備

- 配管の接合部は溶接で接合する。
- 配管は伸縮吸収、漏えい拡散防止、可燃性蒸気の滞留防止の措置を行う。
- 経路には感震装置、強震計、通報設備を設ける。
- 保安の設備には予備動力源を設置する。

③移送取扱所の位置
- 設置してはならない場所が規定されており、震災時の避難場所、鉄道、道路のトンネル、河川や水源地、山崩れが発生する可能性のある場所などには設置することはできない。
- 保有空地を設けなければならない。

チェック
保有空地については
43 ページを参照。

13 一般取扱所

①一般取扱所とは
給油、販売、移送取扱所以外の指定数量以上の危険物を取り扱うところである。

◆一般取扱所（例：自動車工場）

②構造の基準と設備

製造所と同様である。

③一般取扱所の位置

- 保安距離、保有空地ともに製造所と同様である。

④特例の基準

危険物を用いて行う吹き付け塗装作業、洗浄の作業、焼入作業、ボイラー等危険物を消費するもの、車両に固定されたタンクに危険物を注入する作業、**切削油**として危険物を用いる切削装置、研削装置を設置するもの、危険物以外のものを加熱するために危険物を用いる熱媒体油循環装置を設置するもの等には、特例の基準が設けられている。

⚠注　意⚠

製造所の基準、設備等については25ページを参照。

チェック

保安距離については42ページ、保有空地については43ページを参照。

用語

切削油（せっさくゆ）
金属などを切り削る際に、摩擦の抑制と冷却のために用いる油の総称。

ここだけ覚えよう

〈製造所等の基準横断項目（容量制限のあるタンク等）〉

- **屋内タンク貯蔵所……指定数量の40倍以下、第4石油類および動植物油類以外の第4類の危険物は2万ℓ以下（1つの専用室に2つタンクがある場合の最大容量はタンク容量を合算した量とする）。**
- **簡易タンク貯蔵所……1基600ℓ以下**
- **移動タンク貯蔵所……3万ℓ以下**
- **販売取扱所……1種→指定数量の15倍以下**
  2種→指定数量の15倍超40倍以下

2日目 6 保安距離・保有空地

学習すること
- 保安距離の対象とその距離
- 保有空地の重要性

1 保安距離

製造所（危険物を取り扱う施設）は火災が起こると被害が大きくなる可能性が高いので、重要な建物や人が多く集まっている建物（保安対象物）からある程度距離をとらなければならない。この距離を**保安距離**《ほあんきょり》といい、保安対象物からその製造所の**外壁**またはこれに相当する工

◆保安距離の例

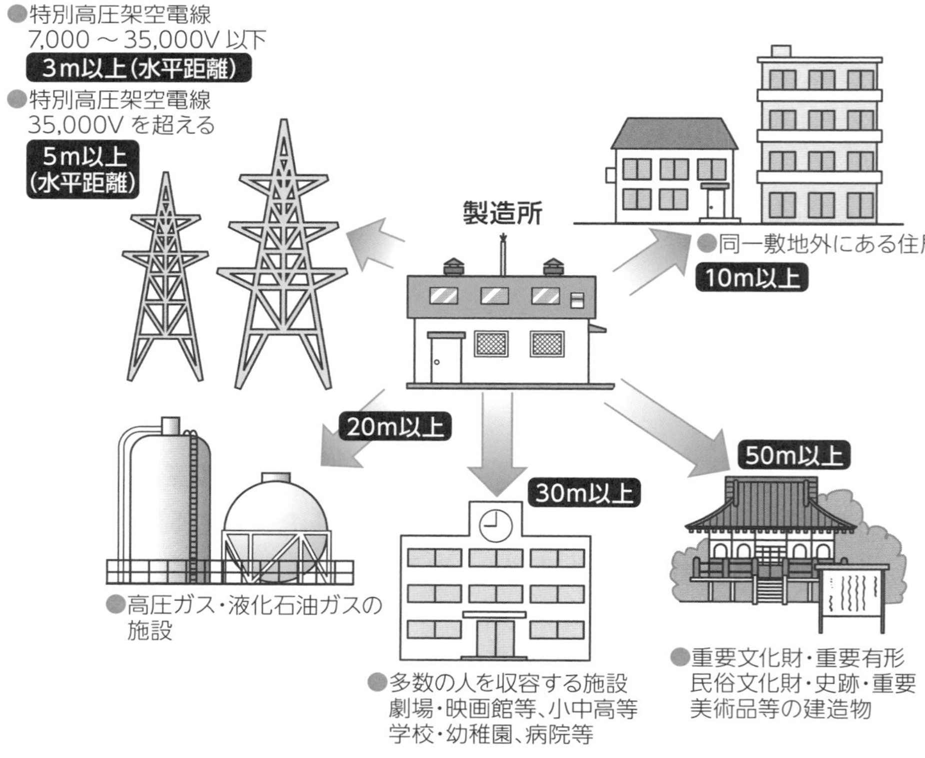

作物の**外側**等までの間に必要な一定の距離を意味する。当然、守るべき優先順位が高い施設ほど保安距離は長くなる。

表1　保安対象物と製造所の保安距離の基準

保安対象物	保安距離
7,000V を超え 35,000V 以下の特別高圧架空電線	水平距離 3m 以上
35,000V を超える特別高圧架空電線	水平距離 5m
一般住宅	**10m 以上**
高圧ガスその他災害を発生させるおそれのあるものを貯蔵、取り扱う施設	20m 以上
学校、**病院**、**劇場**など大人数を収容する施設	**30m 以上**
重要文化財等	**50m 以上**

2 保有空地

火災の拡大を防止するためには、製造所から定められた保安距離をとらなければならない。ただし、一般住居、学校などについては、不燃材料でつくった塀を設けるなど、市町村長等が安全と認めた場合は、市町村長等が定めた距離とすることができる。また、火災発生時の消防活動および延焼防止のため、製造所等の周囲に一定の空地幅（**保《ほ》有《ゆう》空《くう》地《ち》**）を設けなければならない。

◆保有空地の例

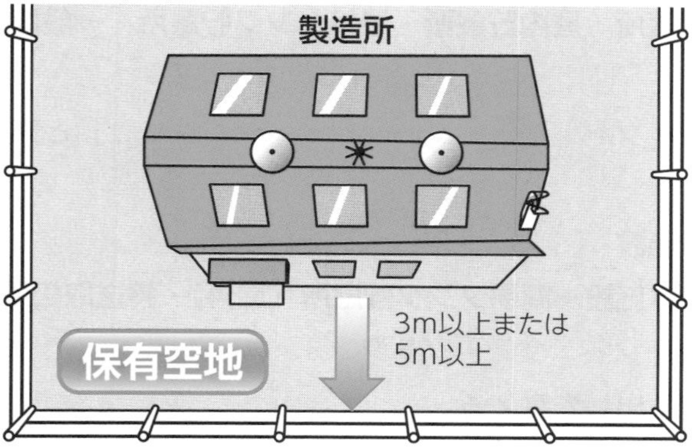

チェック

「学校」とは
学校とあるのは、具体的には小学校・中学校・高校までを指す。

チェック

保有空地の幅
製造所の他にも製造所等の種類により定められているが、製造所以外は細かい基準なので覚えなくてもよい。

保有空地は、製造所では指定数量の倍数が10倍以下の場合は**3m以上**、10倍を超える場合は**5m以上**の空間を確保しなければならない。この空地には一切物を置いてはいけない。なぜなら、物を置いてしまうとそれが燃えてしまうので、空地を設ける意味がなくなってしまうからである。

ここだけ覚えよう

- **製造所の保有空地の幅**
  指定数量の倍数が10倍以下　　→**3m以上**
  指定数量の倍数が10倍を超える→**5m以上**
- **保安距離**　一般住宅→**10m以上**
  学校・病院・劇場→**30m以上**
  重要文化財→**50m以上**
- **保有空地には何も置いてはいけない。**
- **製造所等の基準横断項目**
  ①保安距離が必要な施設
  製造所・屋外貯蔵所・屋内貯蔵所・屋外タンク貯蔵所・一般取扱所
  →「セイゾウショ・ソト・ウチ・ソトタン・イッパンショ」と声に出して覚える。
  ②保有空地が必要な施設
  保安距離が必要な施設＋簡易タンク貯蔵所（屋外）・移送取扱所
  →「セイゾウショ・ソト・ウチ・ソトタン・イッパンショ＋カンイとイソウ」と声に出して覚える。

7 設置または変更から使用開始までの流れ

学習すること
- 各製造所の設置（変更）の基本的な流れ
- 各製造所の設置許可権者の種類

1 使用開始までの流れ

製造所等を設置したり、変更したりする場合は事前に**市町村長等の許可**を受けなければ、**工事を開始したり、使用を開始したりすることができない**。

製造所等を設置または変更した場合の工事開始から使用開始までの手順は次のようになる。

設置許可申請

製造所等を「設置・変更させてください」と市町村長等に申請を行う。

↓

許　可

市町村長等から「工事始めてもいいですよ」と**許可**をもらう。許可が出てはじめて工事を開始することができる。

↓

工事開始

↓

完成検査前検査申請

液体の危険物を貯蔵・取り扱うタンクを設置・変更する場合は全体の**完成検査**を受ける前にタンクについて完成検査前検査を受ける必要がある。

↓

完成検査前検査

↓

タンク検査済証

「タンクは技術上の基準に適合していますよ」と**証明（許可）**をもらう。

（この部分は液体の危険物を貯蔵するタンクがあるときだけ行う手続き）

チェック

市町村長等

市町村長に「等」が付いているのは、例えば移送取扱所などが２つの市町村にまたがる場合は市町村長ではなく、当該地域の都道府県知事に申請などを行うからである。

↓

工事終了

↓

完成検査申請
工事が完了したので技術上の基準に適合しているか「検査してください」と申請を行う。

↓

完成検査（完成検査済証）
「問題ないので使用できる」という証明(許可)をもらう。

↓

使用開始

2 許可権者

許可権者（許可をする人）は以下のとおりである。

消防本部および消防署を置く市町村の区域に設置される製造所等（移送取扱所除く）	設置される場所の市町村長等
消防本部および消防署を置かない市町村の区域に設置される製造所等（移送取扱所除く）	設置される場所の都道府県知事
消防本部および消防署を置く１つの市町村の区域のみに設置される移送取扱所	設置される場所の市町村長等
消防本部および消防署を置かない１つの市町村の区域または２つ以上の市町村の区域にまたがって設置される移送取扱所	設置する場所の都道府県知事
２つ以上の都道府県の区域にまたがって設置される移送取扱所	総務大臣

ここだけ覚えよう

設置・変更の基本的な流れは申請→許可→開始（着工）である。許可をするのは市町村長等ということと、この流れを覚えておけば、これに関連する問題は十分解答可能!!

8 仮貯蔵、仮取扱いおよび仮使用

学習すること

- 仮貯蔵、仮取扱いの承認
- 仮使用に関すること

仮貯蔵、仮取扱いとは、現在貯蔵している指定数量以上の危険物を、タンクの工事のときなどにどこか別の場所で仮に貯蔵することをいう。これは事業者が勝手に行ってよいものではないので、事前に**消防長または消防署長**に**承認**を受ける必要がある。また、**10日以内**の期限に限り貯蔵または取扱いができる。

仮使用とは製造所等の施設の**変更に係る部分以外の部分**を**市町村長等**の**承認**を得て仮に使用することをいう。

ここだけ覚えよう

- **仮貯蔵、仮取扱いのキーワード**
  - ①**消防長または消防署長**
  - ②**承認**（許可や届出ではない点に注意!!）
  - ③**10日以内**

  許可・承認先が消防長や消防署長なのは仮貯蔵、仮取扱いのみ!!（その他は市町村長や都道府県知事）
- **仮使用のキーワード**
  - ①**変更工事に係る部分以外の部分**
  - ②**市町村長等**
  - ③**承認**

暗記ポイント　2日目①

1…製造所の電気設備は法令に基づき設置し、可燃性ガスが滞留するおそれのある場合は**防爆構造**とする。

2…指定数量の倍数が **10** 倍以上の製造所には、**避雷設備**を設ける。

3…屋外貯蔵所で貯蔵できない危険物は、引火点 **0℃未満**のもの（特殊引火物・ガソリン・ベンゼン・アセトン）と禁水性物質（ナトリウムなど）である。

4…移動タンク貯蔵所のタンクの容量は **3 万 ℓ 以下**とし、**4,000 ℓ 以下**ごとに区切るための間仕切り板を設ける。

5…屋内タンク貯蔵所の容量は指定数量の **40 倍以下**とし、第 4 石油類および動植物油類以外の第 4 類の危険物については **2 万 ℓ** 以下とする。

6…簡易タンク貯蔵所のタンク 1 基の容量は **600 ℓ 以下**とする。

7…販売取扱所の区分
　1 種→指定数量の **15 倍以下**　2 種→指定数量の **15 倍超 40 倍以下**

8…製造所の保有空地の幅
指定数量の倍数が 10 倍以下→ **3 m**以上
指定数量の倍数が 10 倍を超える場合→ **5 m**以上

9…保安距離　一般住宅→ **10 m**以上　学校・病院・劇場→ **30 m**以上
重要文化財→ **50 m**以上

10…保有空地には**何も置いてはいけない**。

11…保安距離が必要な施設は、製造所・屋外貯蔵所・屋内貯蔵所・屋外タンク貯蔵所・一般取扱所であり、「**セイゾウショ・ソト・ウチ・ソトタン・イッパンショ**」と声に出して覚える。

12…保有空地が必要な施設は、保安距離が必要な施設＋簡易タンク貯蔵所（屋外）・移送取扱所であり、「**セイゾウショ・ソト・ウチ・ソトタン・イッパンショ＋カンイとイソウ**」と声に出して覚える。

13…設置・変更の基本的な流れは「**申請→許可→開始**（着工）」であり、許可をするのは**市町村長等**である。

14…仮貯蔵、仮取扱いのキーワードは「**消防長または消防署長**」「**承認**」「**10 日以内**」であり、許可・承認先が消防長や消防署長なのは仮貯蔵、仮取扱いのみである。

15…仮使用のキーワードは「**変更工事に係る部分以外の部分**」「**市町村長等**」「**承認**」である。

ちょっとひといき コーヒーブレイク

危険物取扱者のお仕事 その1　ガソリンスタンド（ガソリンの販売所）

灯油や軽油の販売のほか、自動車をメンテナンスする洗車やオイル交換、ウィンカーやヘッドライトの電球交換などもするお店が一般的です。

タイヤの空気圧の調整（これはたいてい無料）やタイヤの交換・販売もしてくれます。

最近はセルフ方式という、店員がいない代わりにガソリン価格が少し安めのガソリンスタンドも多くなりましたが、危険物取扱者（乙四）の資格者の常駐義務があるため資格の価値が高まってきています。

参考：資格保持者は時給 50 ～ 150 円程度のアップ
※社員になるためには必須の昇格資格です。

9 危険物取扱者の免状

学習すること
- 危険物取扱者の免状の種類と交付
- 取り扱える危険物の種類

1 危険物取扱者とは

危険物はその名のとおり、危険なものなので、**取扱**作業をする者は安全にその危険物を取り扱うための資格が必要となる。このように取り扱うものを資格者に限定することにより、安全を確保するために設けられた制度が**危険物取扱者制度**であり、有資格者を**危険物取扱者**という。この危険物取扱者が危険物取扱作業に従事する場合は法令で定められる危険物の貯蔵、取扱いの技術上の基準を遵守しなければならない。

2 危険物取扱者の免状とその交付

①免状の種類

危険物取扱者の免状には**甲種《こうしゅ》・乙種《おつしゅ》・丙種《へいしゅ》と3つ**があり、それぞれ取り扱える危険物などに制限がある。

表2　免状の種類と制限

免状の種類	取扱作業	立会い
甲種	すべての類	可能
乙種	指定された類（1類～6類）	指定された類のみ可能
丙種	ガソリン、灯油、軽油、第3石油類（重油、潤滑油および引火点130℃以上のもの）、第4石油類および動植物油類	不可

立会いとは、その危険物の免状を持った資格者が立ち会えば、資格を持っていない者であっても危険物を取り

扱うことができるというもの。この場合、危険物取扱者は、作業する者に対し法令を遵守するように監督・指示をしなければならない。

②免状の交付

危険物取扱者の免状は危険物取扱者試験に合格したものに**都道府県知事**が交付する。この免状には交付、書換え、再交付に際し、それぞれ申請先が決まっている。

表3　交付、書換え、再交付の申請先

手続き	内容	申請先
交付	危険物取扱者試験に合格した者に都道府県知事が交付する	**試験を行った**場所の都道府県知事
書換え	免状に記載されている氏名、本籍地、生年月日が変わった場合に申請	その免状を**交付**した都道府県知事、または**居住地**もしくは**勤務地**の都道府県知事 → 要するに、どこでもＯＫ
	免状に貼付されている**写真**が撮影から **10 年**を経過したときに申請	
再交付	免状を亡失、汚損、破損等をした場合に申請	その免状を**交付**または**書換え**をした都道府県知事 → 過去に免状をもらったことがあるところ
	亡失した免状を発見した場合は **10 日以内**に発見した免状を提出する	**再交付**を受けた都道府県知事

◆免状の例

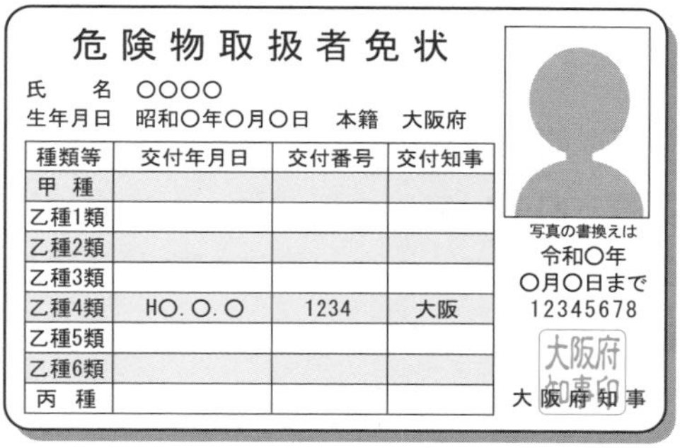
危険物取扱者免状

氏　　名　○○○○
生年月日　昭和○年○月○日　本籍　大阪府

種類等	交付年月日	交付番号	交付知事
甲　種			
乙種1類			
乙種2類			
乙種3類			
乙種4類	HO. ○. ○	1234	大阪
乙種5類			
乙種6類			
丙　種			

写真の書換えは
令和○年
○月○日まで
12345678
大阪府知事印
大阪府知事

③免状の不交付、返納命令

危険物取扱者試験に合格しても、以下の場合には免状が**都道府県知事**から交付されない場合がある。

A　都道府県知事から免状の返納を命じられ、その日から起算して**1年**を経過しない場合。
B　消防法または消防法に基づく命令の規定に違反して罰金刑に処せられた者で、その執行後または執行を受けることがなくなった日から起算して**2年**を経過しない場合。

また**都道府県知事**は、免状の交付を受けた取扱者が法令違反をしている場合は免状の返納を命じることができる。

ここだけ覚えよう

- 危険物取扱者の免状には甲種・乙種・丙種の3つがある。
- 取り扱える危険物は次のとおり。
  甲種…第1類～第6類すべて
  乙種…取得している類のみ
  丙種…ガソリンほか第4類の中の限定物品
- 免状に関することは交付や返納命令などすべてを管轄するのは都道府県知事!!
- 書換えは本籍地の都道府県が変わったときと氏名が変わったときのみ
  →免状に住所は記載されていない点に注意！　本籍地についても都道府県のみが記載されている。つまり住所が変わっても書換えは必要がないし、本籍に関しても、同一都道府県での移動ならば書換えの必要はない。

10 保安講習

学習すること

- 保安講習を受講する要件
- 保安講習の受講時期と頻度

保安講習とは、危険物の免状を持っていて、危険物を取り扱っている人が危険物を安全に管理するために受講が義務付けられている講習のことである。この保安講習は以下のように受講すべき時期が定められている。

⚠注 意⚠

保安講習は、法令違反した者が受講するものではない。

①継続して危険物取扱作業に従事している者

→前回保安講習を受けた日以後の**最初の4月1日**から**3年以内**に受講

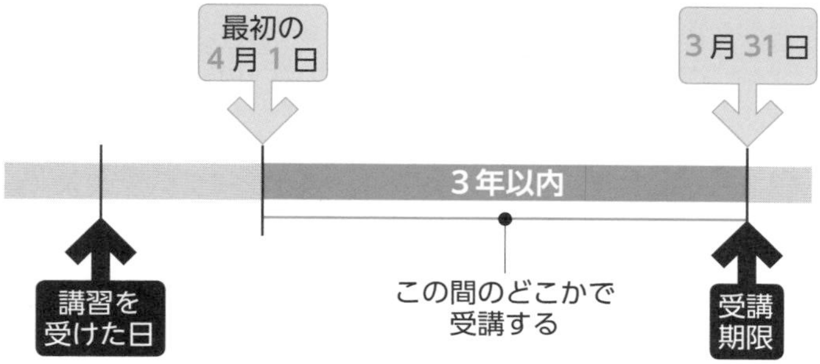

②危険物取扱作業に従事していなかった者が、新たに従事することになった場合

→新たに従事する日から**1年以内**に受講

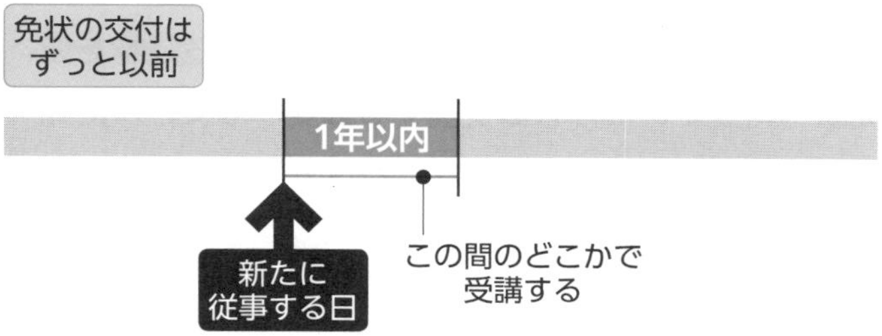

③新たに従事する場合で、過去２年以内に免状の交付または講習を受けている場合

→免状の交付日または前回の受講日以後の最初の**４月１日**から起算して**３年以内**に受講すればよい。

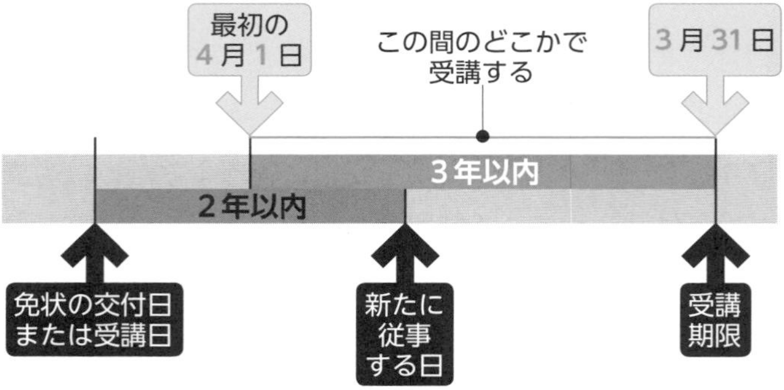

④現在従事していない者

→受講する義務はなし

つまり、危険物取扱作業をしていなければ、免状を持っていても受講する必要がないのだ。

チェック

危険物保安監督者については 56 ページを参照。

ここだけ覚えよう

- **まず３年に１回受講する義務があることを覚える。**

このときの注意点は

①現在危険物を取り扱っている人

②危険物の免状を持っている人

両方を満たしている人が受講しなければならない。つまり危険物を取り扱っていても免状を持っていなければ受講する必要がなく、また免状を持っていても危険物取扱作業をしていなければ受講する必要がない。さらに、危険物保安監督者に選任されたときに受講するものでもない!!

2日目 11 危険物保安統括管理者・危険物保安監督者・危険物施設保安員

学習すること

- 危険物保安統括管理者の資格と役割
- 危険物保安監督者の資格と役割
- 危険物施設保安員の資格と役割

1 危険物保安統括管理者

①危険物保安統括管理者とは

一事業所で複数の製造所等が存在する場合に事業所全般の危険物の取扱いを統括管理する者のことである。**選任・解任**した場合は**遅滞なく市町村長等に届出**が必要である。

②危険物保安統括管理者の資格

資格や経験は一切必要なし。ただし、事業所の危険物の取扱いを統括管理する者であるので、事業所の業務を統括管理する者を選任しなければならない。会社でいえば部長等のイメージ。

③選任が必要な施設

表４　対象施設別取扱い数量

対象施設	取り扱う数量
製　造　所	指定数量の 3,000 倍以上
一般取扱所	
移送取扱所	指定数量以上

④解任命令

危険物保安統括管理者が法令違反や命令違反をした場合や業務を行わせることで公共の安全や災害の発生防止

に支障が出る場合は、**市町村長等**は製造所等の**所有者、管理者、占有者**に対して**解任命令**を出すことができる。

2 危険物保安監督者

①危険物保安監督者とは

製造所等で各施設の危険物の安全な取扱いを監督する者のことである。**選任・解任**した場合は**遅滞なく市町村長等に届出が必要**である。

主な業務

・作業者に対し、貯蔵または取扱いに関する技術上の基準、予防規程等に定める保安基準に適合するように必要な指示を与える。
・災害発生時の作業者の指示や消防機関への連絡
・危険物施設保安員の指揮や危険物施設保安員がいない場合はその業務
・災害防止のための近隣製造所等の施設関係者との連絡
・その他の危険物取扱いに関する必要な監督業務

②危険物保安監督者の資格

危険物保安監督者に選任するには以下の資格が必要となる。会社でいえば主任等のイメージ。

保安監督者になるための資格

・実務経験６カ月以上
・甲種または乙種（取得している類）危険物取扱者

③選任が必要な施設

危険物保安監督者を選任すべき製造所等は以下のとおりである。

表5　危険物保安監督者の選任が必要な製造所等（第4類）

危険物の数量	指定数量の30倍以下		指定数量の30倍超	
引火点	40℃以上	40℃未満	40℃以上	40℃未満
製造所	○	○	○	○
屋外貯蔵所			○	○
屋内貯蔵所		○	○	○
屋外タンク貯蔵所	○	○	○	○
屋内タンク貯蔵所		○		○
地下タンク貯蔵所		○	○	○
簡易タンク貯蔵所		○		○
移動タンク貯蔵所				
給油取扱所	○	○	○	○
第1種販売取扱所		○		
第2種販売取扱所		○		
移送取扱所	○	○	○	○
一般取扱所	○*	○	○	○

＊ボイラー等での消費および容器詰替えの場合は不要

④解任命令

危険物保安統括管理者と同様である。

3 危険物施設保安員

①　危険物施設保安員とは

製造所等で危険物保安監督者のもと、施設の構造や設備に関する業務を補佐する者のことである。危険物施設保安員は**市町村長等への届出は不要**である。

主な業務

・構造、設備の技術上の基準に適合するように施設を維持するための定期および臨時の点検の実施や記録およびその保存
・火災の発生や危険性が高いときの応急措置
・計測装置、制御装置、安全装置等の機能を保持するための保安管理
・その他施設の保安に関し必要な業務

②危険物施設保安員の資格

資格や経験は必要なし。会社でいえば平社員等のイメージ。ただし業務が施設の保安なので施設の構造、設備をよく知っている者を選任するようにする。

③選任が必要な施設

表6　対象施設と取扱い数量

対象施設	取り扱う数量
製造所	指定数量の 100 倍以上
一般取扱所	指定数量の 100 倍以上
移送取扱所	すべて

ここだけ覚えよう

- **危険物施設保安員の仕事は定期点検と押さえよう !!**
- **危険物保安監督者を必ず選任する施設は次の5つ。**
  製造所・屋外タンク貯蔵所・給油取扱所・移送取扱所・一般取扱所
  →セイゾウショ・ソトタン・キュウ・イ・イッパンショと覚えよう！
- **移動タンク貯蔵所は危険物保安監督者の必要なし。**

12 危険物の規制と命令（定期点検）

学習すること

- 定期点検が必要な施設
- 定期点検の実施者
- 定期点検の実施時期と記録保存期間

1 定期点検

①定期点検とは

製造所等の位置、構造、設備等が技術上の基準に適合しているか、定期的に点検することを**定期点検**という。所有者等はこれを行い、その点検の記録を一定期間保存しなければならない。

②定期点検が必要な施設

表7　対象施設別取扱い数量

対象となる製造所	貯蔵・取り扱う数量
製造所	指定数量の10倍以上および地下タンクがある場合
屋内貯蔵所	指定数量の倍数が150倍以上
屋外貯蔵所	指定数量の倍数が100倍以上
屋内タンク貯蔵所	**必要なし**
屋外タンク貯蔵所	指定数量の倍数が200倍以上
地下タンク貯蔵所	**すべて**
移動タンク貯蔵所	**すべて**
簡易タンク貯蔵所	**必要なし**
給油取扱所	地下タンクがある場合
移送取扱所	**すべて**
販売取扱所	**必要なし**
一般取扱所	指定数量の倍数が10倍以上および地下タンクがある場合

③定期点検実施者

チェック

危険物施設保安員については、57ページを参照。

定期点検を行うのは、危険物取扱者または**危険物施設保安員**である。

危険物施設保安員が定期点検を行うということは、つまり定期点検は必ずしも有資格者でなくてもよいということである。ただし、その場合は危険物取扱者の立会いが必要となる。

④実施時期および記録保存期間

定期点検は**1年に1回以上**行わなければならず、その点検記録は**3年間保存**する（原則）。

地下貯蔵タンク、二重殻タンクの強化プラスチック製の外殻、地下埋設配管、移動貯蔵タンクの漏れの点検については以下の期間で行う。

表8　対象設備別定期点検期間

対　象	期　間
地下貯蔵タンク	1年に1回以上
二重殻タンクの強化プラスチック製の外殻	3年に1回以上
地下埋設配管	1年に1回以上
移動貯蔵タンク	5年に1回以上

その他の点検記録の保存期間は次のとおりだ。

- 移動貯蔵タンクの水圧実験→ 10年間
- 屋外タンク貯蔵所（1,000kℓ以上1万kℓ未満のもの）の内部点検記録は点検周期の2倍（26年～ 30年）

⑤点検事項と記載事項

定期点検の点検事項は基準に適合しているかどうかであるが、記載事項はその点検の方法および結果以外に

- 点検を行った製造所等の名称

- 点検年月日
- 点検を行った者もしくは立ち会った危険物取扱者の氏名

が必要である。

⑥適合していない場合

定期点検の結果、危険物施設が技術上の基準に適合していないことが判明した場合、市町村長等は、**基準適合命令**を発することができる。

用語

基準適合命令
危険物施設に対する修理、改造、移転命令のこと。

ここだけ覚えよう

- **定期点検を必ず行う施設**
  地下タンク貯蔵所・移動タンク貯蔵所・移送取扱所
  →「チ・イド・イソ」と声に出して覚える。
- **定期点検を必ずしも行なう必要がない施設**
  簡易タンク貯蔵所・屋内タンク貯蔵所・販売取扱所
  →「カンイ・内タン・ハン」と声に出して覚える。
- **実施する施設は「すべて」の３つの施設と「必要なし」の３つの施設を押さえておけば十分!!**
- **定期点検の実施者は危険物取扱者・危険物施設保安員**
- **危険物施設保安員→資格要件なし**
- **無資格者　　　　　→危険物取扱者の立会いが必要**
- **危険物施設保安員が定期点検を行うということは、つまり定期点検は必ずしも有資格者でなくてもよいということである。**
- **定期点検は原則１年に１回、記録は３年保存**

暗記ポイント 2日目②

1…危険物取扱者の免状には**甲**種・**乙**種・**丙**種の３つがある。

2…免状に関することは交付や返納命令などすべてを管轄するのは**都道府県知事**である。

3…保安講習は**３年**に１回受講する義務があり、「現在危険物を取り扱っている人」「危険物の免状を持っている人」の両方を満たしている人が受講しなければならない。

4…危険物施設保安員の仕事は**定期点検**と押さえる。

5…危険物保安監督者を必ず選任する施設
製造所・屋外タンク貯蔵所・給油取扱所・移送取扱所・一般取扱所→「**セイゾウショ・ソトタン・キュウ・イ・イッパンショ**」と声に出して覚える。

6…移動タンク貯蔵所は危険物保安監督者の必要なし。

7…定期点検を必ず行う施設
地下タンク貯蔵所・移動タンク貯蔵所・移送取扱所→「**チ・イド・イソ**」と声に出して覚える。

8…定期点検を必ずしも行う必要がない施設
簡易タンク貯蔵所・屋内タンク貯蔵所・販売取扱所→「**カンイ・内タン・ハン**」と声に出して覚える。

9…定期点検の実施者は**危険物取扱者**・**危険物施設保安員**

10…定期点検は原則**１年**に１回、記録は**３年**保存

ちょっとひといき
コーヒーブレイク

危険物取扱者のお仕事　その2　薬品を扱う仕事

薬品を扱う仕事には、タンクローリーでの移送が該当します。タンクローリーで危険物を移送する際には危険物取扱者が一緒に乗ることが求められ、その多くは乙四危険物取扱者である場合が多いようです。

参考：資格保持者は手当が 10,000 ～ 20,000 円 / 月程度アップ

3日目

13 予防規程

学習すること

- 予防規程の制定および変更
- 予防規程が必要な施設

1 予防規程とは

法令で定められている基準だけでは、個々の製造所等の施設において保安が十分というわけではない。法令はあくまで最低の基準であって、これらを実状に即した形で補足するのが予防規程である。

すなわち、製造所等の火災を予防するため、危険物の保安に関し必要な事項を定めたのが予防規程であり、これを定めたとき、あるいは変更するときは、**市町村長等の認可**を受ける必要がある。また、必要があれば市町村長等は予防規程の変更を命じることができる。

予防規程に定めるべき主な事項は、

- 保安のための巡視・点検・検査
- 危険物保安監督者が不在のときの職務代行者
- 保安作業従事者の保安教育
- 災害その他非常時の措置
- 地震発生時の点検・応急措置等
- 自衛消防組織

となる。

用語

自衛消防組織

大規模な危険物施設を有する事務所で編成する。火災等の事故が発生した場合、被害を最小限にするために活動する。予防規程で定めるべき内容の１つ。

2 予防規程が必要な施設

予防規程はすべての施設で必要なわけではない。指定数量にかかわらず、予防規程が必要な施設は次の表のとおりだ。

表1　対象施設と条件

対象施設	条件
製造所	指定数量の 10 倍以上
屋内貯蔵所	指定数量の 150 倍以上
屋外貯蔵所	指定数量の 100 倍以上
屋外タンク貯蔵所	指定数量の 200 倍以上
給油取扱所	**すべて**
移送取扱所	**すべて**
一般取扱所	指定数量の 10 倍以上

3 予防規程を遵守する者

予防規程は保安のために実状に即して補足されたものであるため、それを必要かつ遵守しなければならないのは、製造所等の所有者、管理者、占有者および従業員である。

ここだけ覚えよう

- **予防規程の制定および変更には市町村長等の認可が必要**
  →「予防規程」とくれば「認可」
- **予防規程が必要な施設は**
  給油取扱所・移送取扱所
- **予防規程が必要ない施設は**
  地下タンク貯蔵所
  屋内タンク貯蔵所
  販売取扱所

3日目

14 危険物の設備（消火設備）

学習すること

- 消火設備の種類と設置基準
- 警報設備の種類
- 避難設備の設置

1 消火設備

①消火設備とは

製造所等で火災発生時などに対処できるように設置する、規模や危険物の品名および最大数量などに応じて消火するための設備であり、法令で定める技術上の基準を満たしたものでなければならない。なお、消火設備のほかに警報装置や退避設備を設置する必要がある。

◆消火設備

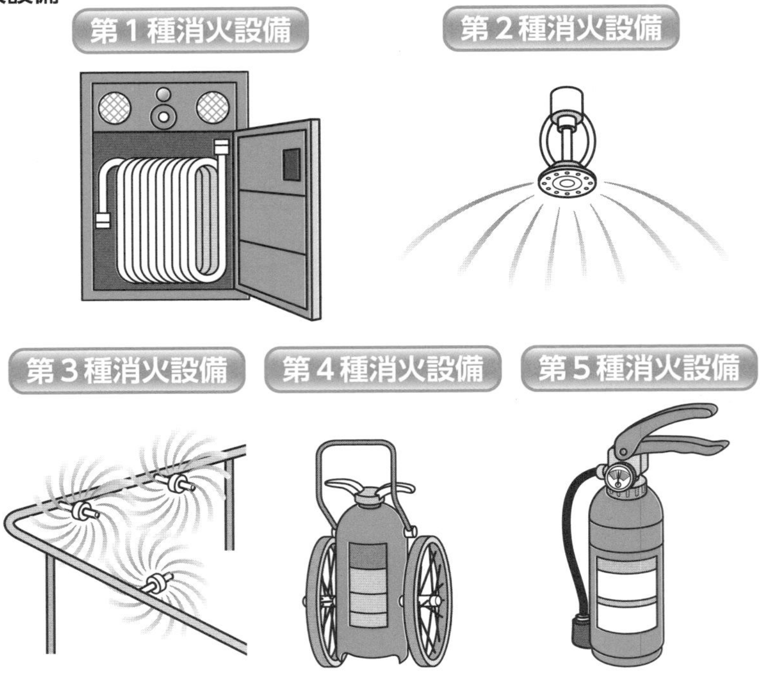

②消火設備の種類

危険物を取り扱う製造所等では、消火設備の設置が義務付けられており、消火設備は適応する火災の種類等に応じて１種から５種までに分類されている。

表２　消火設備の種類

第１種消火設備	屋内消火栓設備 屋外消火栓設備
第２種消火設備	**スプリンクラー設備**
第３種消火設備	水蒸気消火設備 水噴霧消火設備 泡消火設備 二酸化炭素消火設備 ハロゲン化物消火設備 粉末消火設備
第４種消火設備	**大型消火器**
第５種消火設備	**小型消火器** 水バケツ・水槽・乾燥砂 膨張ひる石・膨張真珠岩

③消火設備の設置基準

A　歩行距離

- **第４種消火設備（大型）**

防護対象物から１つの消火設備までの歩行距離が**30 m以内**となるように設けなければならない。ただし第１種、第２種、第３種と併設する場合はこの限りではない。

用語

防護対象物

消火設備によって消火すべき対象物をいう。

ここだけ覚えよう

表２については第５種～第１種まで順に

小型→大型→消火設備→スプリンクラー→栓

と各消火設備につく名称で覚える。

（例：○○消火設備といえば第３種消火設備など）

・**第5種消火設備（小型）**

防護対象物から1つの消火設備までの歩行距離が**20m以内**となるように設けなければならない。ただし第1種、第2種、第3種、第4種と併設する場合はこの限りではない。

B　消火の困難性

製造所等は、施設の規模、指定数量の倍数などにより、3つの消火困難性に分かれる。

著しく消火困難な製造所等、消火困難な製造所およびその他の製造所等の設置対象区分ごとに必要な消火設備は以下のとおりである。

表3　消火困難性による消火設備

消火困難性	消火設備
著しく消火困難なもの	（1種、2種、または3種）＋4種＋5種
消火困難なもの	4種＋5種
その他	第5種

④所要単位と能力単位

所要単位とは、製造所等の規模や危険物の量に対してどれだけの消火設備が必要かを建築物側からみた基準のことである。例えば、製造所では耐火構造のものは延べ面積100m^2が1所要単位になる。

一方、能力単位とは、この所要単位に応ずる消火設備の消火能力の基準のことである。例えば、乾燥砂の能力単位は50ℓで0.5となる。

表4　所要単位の算出

製造所 取扱所	耐火構造	延面積 100m^2
	耐火構造以外	延面積 50m^2
貯蔵所	耐火構造	延面積 150m^2
	耐火構造以外	延面積 75m^2
屋外の製造所等	外壁を耐火構造とし、水平最大面積を建坪とする建物とみなして算定する	
危険物	指定数量	指定数量 10 倍

表5　第５種の消火器以外の消火能力単位

消火設備	種類	容量または重量	対象物に対する能力単位	
			第１類～第６類までの危険物に対するもの	電気設備および第４類の危険物を除く対象物に対するもの
水バケツまたは水槽	消火専用バケツ	8 ℓ		3個で 1.0
	水槽（消火専用バケツ３個付き）	80 ℓ		1.5
	水槽（消火専用バケツ６個付き）	190 ℓ		2.5
乾燥砂	乾燥砂（スコップ付き）	50 ℓ	0.5	
膨張ひる石または膨張真珠岩	膨張ひる石または膨張真珠岩（スコップ付き）	160 ℓ	1.0	

2 警報設備

警報設備とは、火災が発生した際に自動的に作動して火災の発生を知らせる火災報知設備や消防機関に連絡できる電話などをいう。**指定数量の 10 倍以上**の危険物を貯蔵し、または取り扱う製造所等に設置しなければならない。

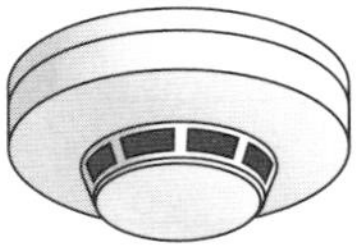

自動火災報知設備

消防機関に報知ができる電話

非常ベル装置

拡声装置

警鐘《けいしょう》

3 避難設備

避難設備とは火災発生時に避難する方向を知らせるためのもので、一部の給油取扱所に設置が義務付けられている。

設置が義務付けられている給油取扱所は、①建築物の２階の部分を店舗等の用途に供するもの、②一方面だけ開放されている屋内給油取扱所のうち、給油取扱所の敷地外への直接通ずる避難口を設ける事務所等を有するものである。

チェック

警報設備の種類
- 自動火災報知設備（指定数量の 100 倍以上から設置が義務付けられている）
- 消防機関に報知ができる電話
- 非常ベル装置
- 拡声装置
- 警鐘

⚠注 意⚠

ガス探知機・漏電火災警報器・手旗・発煙筒は警報設備に該当しない。このうち、ガス探知機が該当しないのは「危険物に気体はない」からである。

ここだけ覚えよう

●移動タンク貯蔵所は、警報設備の必要がない。

3日目

15 危険物の安全基準（貯蔵・取扱い基準）

学習すること

- 危険物の貯蔵・取扱い基準
- 危険物の運搬の基準
- 危険物の移送の基準

1 共通基準

すべての製造所等に共通する危険物の貯蔵・取扱いの基準としては次のようなものがある。

- 許可もしくは届出された数量または指定数量の倍数を超える危険物や品名以外の危険物を貯蔵し、または取り扱ってはならない。
- **火気をみだりに使用しない。**
- 係員以外の者をみだりに出入りさせない。
- 常に整理、清掃を行い、みだりに空箱等その他不要な物を置かない。
- **貯留設備（ためます）や油分離装置に溜まった危険物はあふれないように随時汲み上げる。**
- **危険物のくず、かす等は1日1回以上危険物の性質に応じ安全な場所、方法で処理する。**
- 危険物を貯蔵、取り扱う建築物等では危険物の性状に応じた有効な遮光または換気を行う。
- 危険物は温度計、湿度計、圧力計その他の機器を監視して、その危険物の性質に応じた適正な温度、湿度または圧力を保つように貯蔵し、または取り扱わなければならない。
- 危険物を貯蔵、取り扱う場合には危険物が漏れたりあふれたり飛散したりしないように、また変質や異物の混入により危険性が増大しないように必要な措置を講じなければならない。

- 危険物が残存している可能性のある設備、機械、容器等を修理する場合は、安全な場所で危険物を**完全に除去**してから行う。
- 危険物を容器に収納して貯蔵、取扱いをする場合は危険物の性質に適応するもの、かつ破損、腐食、裂け目等がないものを使用し、みだりに転倒させたり、引きずったり等しないようにする。
- 可燃性の液体、蒸気、ガスが漏れたり滞留したりするおそれのある場所や可燃性の粉が浮遊するおそれのある場所では、電線と電気器具を完全に接合し、かつ火花を発する機械器具、工具、履物を使用しない。
- 保護液中に保存する危険物は、保護液中から露出しないようにしなければならない。

2 類ごとの共通基準

危険物には、第1類～第6類まであることは、14ページで説明したとおりだが、貯蔵・取扱いにもそれぞれの共通基準がある。

ここだけ覚えよう

共通基準はほとんど常識的に考えればわかるような内容になっているが、ポイントとして次の３つを覚えよう。

- みだりに火気を使用しない→言い換えれば、絶対に火気を使用してはならないということではない。
- 廃棄物等の処理は多い少ないにかかわらず毎日行う。
- 修理などをする場合は、見た目にはわからなくても蒸気などが残存している可能性があるので、**完全に除去**して行う。

表6　類ごとの共通する基準

第1類（酸化性固体）	可燃物との接触もしくは混合、分解を促す物品との接近または過熱、衝撃もしくは摩擦を避けるとともに、アルカリ金属の過酸化物（含有する物を含む）にあっては、水との接触を避ける。
第2類（可燃性固体）	酸化剤との接触もしくは混合、炎、火花もしくは高温体との接近または過熱を避けるとともに、鉄粉、金属粉およびマグネシウム（いずれかを含有する物を含む）にあっては、水または酸との接触を避け、引火性固体にあってはみだりに蒸気を発生させない。
第3類（自然発火性および禁水性物質）	自然発火性物品（アルキルアルミニウム、アルキルリチウムおよび黄りん等）にあっては、炎、火花もしくは高温体との接近、過熱または空気との接触を避け、禁水性物品にあっては、水との接触を避ける。
第4類（引火性液体）	炎、火花もしくは高温体との接近または過熱を避けるとともに、みだりに蒸気を発生させない。
第5類（自己反応性物質）	炎、火花もしくは高温体との接近、過熱、衝撃または摩擦を避ける。
第6類（酸化性液体）	可燃物との接触もしくは混合、分解を促す物品との接近または過熱を避ける。

3 貯蔵の基準

①危険物以外の物品との同時貯蔵

貯蔵所においては危険物以外の物品を危険物と同時に貯蔵することはできない。つまり危険物は危険物だけで貯蔵しなさいということである。ただし、次のような例外がある。

例外

- **屋内貯蔵所**または**屋外貯蔵所**において**別に定める危険物**と危険物以外の物品とをそれぞれまとめて貯蔵し、

⚠注 意⚠

類ごとの共通基準をもとに注意事項の掲示板の内容や運搬容器（後述）の記載内容が定められている!!（81ページの表）

チェック

別に定める危険物

例えば、危険物と危険物に該当しない不燃性の物品（貯蔵する危険物および危険物以外の物品と危険な反応を起こさないものに限る）等いろいろあるが、覚える必要はなし。

相互に**1 m以上**の間隔を置く場合。

- 屋外タンク貯蔵所・屋内タンク貯蔵所・地下タンク貯蔵所・移動タンク貯蔵所において、**別に定める危険物**と危険物以外の物品とをそれぞれ貯蔵する場合。

②類《るい》を異《こと》にする危険物の同時貯蔵

原則として類を異にする危険物は同時貯蔵**できない**。ただし、**別に定める危険物**を相互に取りまとめて**1 m以上**の間隔を置けば同時貯蔵してもよい。

同時貯蔵ができる危険物の組み合わせ

・第１類（アルカリ金属の過酸化物とその含有品を除く）と第５類
・第１類と第６類
・第２類と第４類
・アルキルアルミニウム等と第４類のうちアルキルアルミニウム等の含有品
・第４類（有機過酸化物とその含有品に限る）と第５類（有機過酸化物とその含有品に限る）
・第４類と第５類（１―アリルオキシ―２、３―エポキシプロパン、もしくは４―メチリデンオキセタン―２―オン、またはこれらのいずれかを含有するものに限る）

③その他の貯蔵の基準

- 屋内貯蔵所では原則として危険物は容器に入れて貯蔵する。
- 屋内貯蔵所または屋外貯蔵所で危険物を貯蔵する場合は、危険物の入った容器を積み重ねる高さは**3 m以下**

ここだけ覚えよう

- **危険物以外の物品との同時貯蔵は原則として禁止**
- **異なる類の危険物同士の同時貯蔵は原則として禁止**

とする。ただし、第４類の危険物で第３石油類、第４石油類および動植物油類の場合は**４m以下**でよい。

- 屋外貯蔵所で危険物の入った容器を架台で貯蔵する場合は、その高さを**６m以下**とする。
- 屋内貯蔵所において容器に収納して貯蔵する危険物の温度は**55℃**を超えないように必要な措置を講ずる。
- 屋内貯蔵所において、同一品名の自然発火するおそれのある危険物または災害が著しく増大するおそれのある危険物を大量に貯蔵する場合は、指定数量の**10倍以下**ごとに区分して、かつ**0.3m以上**の間隔を置いて貯蔵する。
- タンク類についている**計量口**《けいりょうぐち》、弁、ふた、水抜口等は、**使用時以外は常に閉鎖**しておく。
- 移動貯蔵タンクには貯蔵する**危険物の類**、**品名およびび最大数量**を表示する。
- 地下貯蔵タンクに設ける通気管は、危険物を注入する場合を除き常に**開放**しておく。
- 移動貯蔵タンクおよびその安全装置、付属の配管は、裂け目、結合不良、極端な変形、注入ホースの切損等で漏れが起こらないようにする。またタンクの底弁は、使用時以外は完全に閉鎖しておく。
- 移動タンク貯蔵所には完成検査済証・定期点検記録・譲渡・引き渡しの届出書および品名・数量または指定数量の倍数の変更の届出書を**備え付けておく**。

チェック

移動タンク貯蔵所の完成検査済証等の備え付けについては、自動車の車検証や運転免許証と同じで車に積んでおかなければならないということ。

④取扱い別の基準

取り扱う工程ごとにもそれぞれに基準がある。

表7　工程ごとの基準

取扱	基　準
製造	・蒸留工程においては、圧力変動等により液体、蒸気またはガスが漏れないようにする。 ・抽出工程においては、圧力の異常上昇が起こらないようにする。 ・乾燥工程においては、危険物の温度が局部的に上昇しない方法で過熱し、または乾燥させる。 ・粉砕工程においては、危険物の粉末が著しく浮遊し、またはそれが付着した状態で機械器具を使用しない。
詰替	・危険物を容器に詰め替える場合は、**危省令**別表第３および第３の２で定める容器に収納するとともに防火上安全な場所で行う。
消費	・塗装作業は防火上有効な隔壁等で区分された安全な場所で行う。 ・焼入作業は、危険物が危険な温度にならないようにする。 ・染色または洗浄作業は、換気をよくして行い、生じる廃液は適正に処置する。 ・バーナーを使用する場合は、逆火防止と燃料のあふれに注意する。
廃棄	・**焼却する場合は、安全な場所で他に危害を及ぼさない方法で行い、必ず見張人をつける。** ・危険物は海中や水中に流出または投下しないこと。また、埋没させる場合は、その性質に応じ安全な場所で行う。

用語

危省令
危険物に関する規則について規定した総務省令。

チェック

危険物は焼却できない→誤り。
安全な場所で他に危害を及ぼさず見張人をつければ焼却できる。

ここだけ覚えよう

- **「計量口」とくれば常に「閉鎖」と覚えておく。これは当然閉鎖しておかないとそこから蒸気が漏れて危険だからである。同じく、「通気管」とくれば常に「開放」と覚えておく。**
- **引火点40℃未満の危険物（ガソリンなど）を注入するときは、移動タンクの原動機（タンクローリーのエンジン）を停止する。**

⑤施設区分ごとの取扱い基準

施設ごとにもそれぞれに取扱い基準がある。

表8　施設ごとの基準

施設	基　準
給　油 取扱所	・給油は固定給油設備を使用して直接給油する。 ・給油するときは自動車等のエンジンを停止して行い、給油空地からはみださないようにする。 ・移動貯蔵タンクから専用タンクや廃油タンク等に危険物を注入するときは、移動タンク貯蔵所を注入口の付近に停車させる。 ・物品の販売等の業務は原則として建築物の１階のみで行う。 ・自動車等の洗浄は、引火点を有する液体の洗剤を使用しない。
販　売 取扱所	・運搬容器の基準に適合した容器に収納し、容器入りのままで販売する。 ・危険物の配合は配合室以外では行わない。
移　動 タンク 貯蔵所	危険物を貯蔵しまたは取り扱うタンクに危険物を注入する際は、注入ホースを注入口に緊結する。ただし、所定の注入ノズルで指定数量未満のタンクに引火点 40℃以上の危険物を注入する場合はこの限りではない。 ・移動貯蔵タンクから液体の危険物を容器に詰め替えない。ただし、以下により危省令別表第3の2に定める容器に詰め替える場合はこの限りではない。 ⇒詰め替えができるのは引火点 40℃以上の第４類危険物 ⇒注入ホースの先端部に手動開閉装置付きの注入ノズル（開放の状態で固定する装備のものを除く）で行う。 ・安全な注油速度で行う。 ・静電気による災害の発生するおそれのある危険物を移動貯蔵タンクに注入するときは、注入管の先端を底部に着けるとともに接地して出し入れを行う。 ・引火点 **40℃未満**の危険物を注入する場合は移動タンク貯蔵所の**エンジンを停止**して行う。 ・ガソリンを貯蔵していた移動貯蔵タンクに灯油または軽油を注入するとき、灯油または軽油を貯蔵していた移動貯蔵タンクにガソリンを注入するときは、静電気等による災害を防止するための措置を講ずること。

16 危険物の安全基準（運搬基準）

学習すること
- 運搬の基準、注意事項
- 移送の基準、注意事項
- 運搬と移送の違い

1 運搬の基準

①運搬《うんぱん》とは

移動タンク貯蔵所（タンクローリー）以外の車両で**指定数量の倍数にかかわらず危険物を運ぶこと**をいう。例えば、灯油を買って車で家へ持って帰るのも消防法上は**運搬**である。

②運搬容器

- 運搬容器は鋼板、アルミニウム板、ブリキ板、ガラス等を材質とする。
- 構造は堅固で容器に破損のおそれのないかつ漏れるおそれのないものとする。
- 容器の最大容積は危険物の類別、危険等級に応じて危険物の規制に関する政令で定められたものとする。
- 容器の性能は原則として落下試験等の基準に適合したものとする。
- 危険物は危険性に応じて、危険等級Ⅰ～Ⅲに区分される。

③積載方法

積載は、原則として運搬容器に収納して行う際、次の措置をとる。

- 危険物の収納は温度変化などで漏れないように**密封《みっぷう》**して収納する。

表９　危険物危険等級の表

危険等級	類別	品名等
Ⅰ	第１類	第１種酸化性固体の性状を有するもの
	第３類	カリウム、ナトリウム、アルキルアルミニウム、アルキルリチウム、黄りん、第１種自然発火性物質および禁水性物質の性状を有するもの
	第４類	特殊引火物
	第５類	第１種自己反応性物質の性状を有するもの
	第６類	すべて
Ⅱ	第１類	第２種酸化性固体の性状を有するもの
	第２類	硫化りん、赤りん、硫黄、第１種可燃性固体の性状を有するもの
	第３類	第３類の危険物で危険等級Ⅰに掲げる危険物以外のもの
	第４類	第１石油類、アルコール類
	第５類	第５類の危険物で危険等級Ⅰに掲げる危険物以外のもの
Ⅲ	第１・２・４類	上記以外の危険物

- 固体の危険物は内容積の**95％以下**の収納率とする。
- 液体の危険物は内容積の**98％以下**の収納率とする。かつ**55℃**の温度で漏れないように十分な空間を持たせて収納する。
- 容器の外部には危険物の品名、危険等級、化学名、数量、危険物に応じた注意事項を表示する。
- 運搬容器は転落、落下、転倒、破損しないように積載する。
- 収納口は**上方**に向けて積載する。
- 危険物の性質に応じて、直射日光や雨水の浸透を防ぐため有効な被覆をする等の措置を講じる。

チェック

危険等級

危険等級はⅠが一番危険性が高く、Ⅲが一番危険性が低い。

表 10　危省令別表第３の２（液体危険物を収納する容器の基準）

<table>
<tr><th colspan="4">運搬容器（液体用のもの）</th><th colspan="8">危険物の類別および危険等級の別</th></tr>
<tr><th colspan="2">内装容器</th><th colspan="2">外装容器</th><th colspan="2">第3類</th><th colspan="3">第4類</th><th colspan="2">第5類</th><th>第6類</th></tr>
<tr><th>容器の種類</th><th>最大容量または最大収容重量</th><th>容器の種類</th><th>最大容量または最大収容重量</th><th>Ⅰ</th><th>Ⅱ</th><th>Ⅰ</th><th>Ⅱ</th><th>Ⅲ</th><th>Ⅰ</th><th>Ⅱ</th><th>Ⅰ</th></tr>
<tr><td rowspan="5">ガラス容器</td><td>5ℓ</td><td rowspan="3">木箱またはプラスチック箱（不活性の緩衝材を詰める）</td><td>75kg</td><td>○</td><td>○</td><td>○</td><td>○</td><td>○</td><td>○</td><td>○</td><td>○</td></tr>
<tr><td rowspan="2">10ℓ</td><td>125kg</td><td>—</td><td>○</td><td>—</td><td>○</td><td>○</td><td>—</td><td>○</td><td>—</td></tr>
<tr><td>225kg</td><td>—</td><td>—</td><td>—</td><td>—</td><td>○</td><td>—</td><td>—</td><td>—</td></tr>
<tr><td>5ℓ</td><td rowspan="2">ファイバ板箱（不活性の緩衝材を詰める）</td><td>40kg</td><td>○</td><td>○</td><td>○</td><td>○</td><td>○</td><td>○</td><td>○</td><td>○</td></tr>
<tr><td>10ℓ</td><td>55kg</td><td>—</td><td>—</td><td>—</td><td>—</td><td>○</td><td>—</td><td>—</td><td>—</td></tr>
<tr><td rowspan="5">プラスチック容器</td><td rowspan="5">10ℓ</td><td rowspan="3">木箱またはプラスチック箱（必要に応じ、不活性の緩衝材を詰める）</td><td>75kg</td><td>○</td><td>○</td><td>○</td><td>○</td><td>○</td><td>○</td><td>○</td><td>○</td></tr>
<tr><td>125kg</td><td>—</td><td>○</td><td>—</td><td>○</td><td>○</td><td>—</td><td>○</td><td>—</td></tr>
<tr><td>225kg</td><td>—</td><td>—</td><td>—</td><td>—</td><td>○</td><td>—</td><td>—</td><td>—</td></tr>
<tr><td rowspan="2">ファイバ板箱（必要に応じ、不活性の緩衝材を詰める）</td><td>40kg</td><td>○</td><td>○</td><td>○</td><td>○</td><td>○</td><td>○</td><td>○</td><td>○</td></tr>
<tr><td>55kg</td><td>—</td><td>—</td><td>—</td><td>—</td><td>○</td><td>—</td><td>—</td><td>—</td></tr>
<tr><td rowspan="4">金属容器</td><td rowspan="4">30ℓ</td><td rowspan="2">木箱またはプラスチック箱</td><td>125kg</td><td>○</td><td>○</td><td>○</td><td>○</td><td>○</td><td>○</td><td>○</td><td>○</td></tr>
<tr><td>225kg</td><td>—</td><td>—</td><td>—</td><td>—</td><td>○</td><td>—</td><td>—</td><td>—</td></tr>
<tr><td rowspan="2">ファイバ板箱</td><td>40kg</td><td>○</td><td>○</td><td>○</td><td>○</td><td>○</td><td>○</td><td>○</td><td>○</td></tr>
<tr><td>55kg</td><td>—</td><td>○</td><td>—</td><td>○</td><td>○</td><td>—</td><td>○</td><td>—</td></tr>
<tr><td>—</td><td>—</td><td>金属製容器（金属製ドラムを除く）</td><td>60ℓ</td><td>—</td><td>○</td><td>—</td><td>○</td><td>○</td><td>—</td><td>○</td><td>—</td></tr>
<tr><td rowspan="2">—</td><td rowspan="2">—</td><td rowspan="2">プラスチック容器（プラスチックドラムを除く）</td><td>10ℓ</td><td>—</td><td>○</td><td>—</td><td>○</td><td>○</td><td>—</td><td>○</td><td>—</td></tr>
<tr><td>30ℓ</td><td>—</td><td>—</td><td>—</td><td>—</td><td>○</td><td>—</td><td>○</td><td>—</td></tr>
<tr><td>—</td><td>—</td><td>金属製ドラム（天板固定式のもの）</td><td>250ℓ</td><td>○</td><td>○</td><td>○</td><td>○</td><td>○</td><td>○</td><td>○</td><td>○</td></tr>
<tr><td>—</td><td>—</td><td>金属製ドラム（天板取外し式のもの）</td><td>250ℓ</td><td>—</td><td>—</td><td>—</td><td>○</td><td>○</td><td>—</td><td>—</td><td>—</td></tr>
<tr><td>—</td><td>—</td><td>プラスチックドラムまたはファイバドラム（プラスチック内容器付きのもの）</td><td>250ℓ</td><td>—</td><td>○</td><td>—</td><td>—</td><td>○</td><td>—</td><td>○</td><td>—</td></tr>
</table>

備考

①　○印は、危険物の類別および危険等級の別の項に掲げる危険物には、当該各欄に掲げる運搬容器がそれぞれ適用するものであることを示す。

②　内装容器とは、外装容器に収納される容器であって危険物を直接収納するためのものをいう。

③　内装容器の容器の種類の項が空欄のものは、外装容器に危険物を直接収納することができ、またはガラス容器、プラスチック容器もしくは金属製容器の内装容器を収納する外装容器とすることができることを示す。

④運搬容器の記載事項

運搬容器の外部には、次の内容を表示する必要がある。

①危険物の品名、危険等級、化学名

②危険物の数量

③収納する危険物ごとの注意事項

④第４類のうち水溶性のものは「水溶性」

表 11　類別の注意事項の表示

第１類	火気・衝撃注意　可燃物接触注意　禁水
第２類	火気注意　火気厳禁（引火性固体）　禁水
第３類	空気接触注意　火気厳禁　禁水
第４類	火気厳禁
第５類	火気厳禁　衝撃注意
第６類	可燃物接触注意

◆記載事項

⚠注　意⚠

容器の収納は、容量目一杯まで入れてはいけない。温度などにより体積が膨張して容器が破損したりする可能性があるからである。よく、入るからといって 18 ℓ容器に灯油を 20 ℓ近く入れる人を見かけるが、これは消防法に違反しているということになる。

ここだけ覚えよう

- **運搬容器の危険物に応じた注意事項の表示は、14 ページの表１「第１類～第６類までの性質と性状」を押さえておけば、ある程度解答することができるため、この表は必ず覚えよう。さらに、73 ページの表６「類ごとの共通する基準」を押さえておけばカンペキだ。**
- **運搬容器の記載事項に「消火方法」はない。**

⑤混載《こんさい》の禁止

同一車両において異なった類の危険物を積載し、運搬する場合には、次のような混載できない組み合わせがある。

表 12　混載禁止の組み合わせ

	第１類	第２類	第３類	第４類	第５類	第６類
第１類		×	×	×	×	○
第２類	×		×	○	○	×
第３類	×	×		○	×	×
第４類	×	○	○		○	×
第５類	×	○	×	○		×
第６類	○	×	×	×	×	

チェック

危険物移送・運搬車両標識

〈移動タンク貯蔵所〉

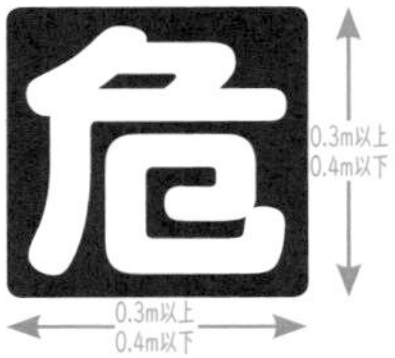

〈危険物運搬車両〉

⑥運搬方法

危険物を運搬する際には、下記の要領に従う必要がある。

- 運搬容器が著しく摩擦や動揺を起こさないようにする。
- 指定数量以上の危険物を移動タンク貯蔵所（タンクローリー）以外の車両で運搬するときは、**0.3m^2 の黒地に黄色の反射《はんしゃ》塗《と》料《りょう》で「危」と表示した標識を車両の前後の見やすい位置に掲示**する。
- 指定数量以上の危険物を車両で運搬するときは、適応する消火器を備える。
- 運搬中、危険物が著しく漏れるおそれのある場合は、応急の措置を講じ、消防機関や関係機関に通報する。

ここだけ覚えよう

次のように混載できる組み合わせを覚えておくとよい。

第１類－第６類　第２類－第５類

第４類－第２類、第３類、第５類

（イチロク　ニイゴ　ヨンニイ　サンゴ）

2 移送の基準

①移送《いそう》とは

移動タンク貯蔵所（タンクローリー）、移送取扱所で危険物を運ぶことをいう。運搬との違いは、免状が必要かどうかである。

表 13　運搬と移送の違い

運　搬	移　送
・移動タンク貯蔵所（タンクローリー）以外で危険物を運ぶこと。 ・指定数量の倍数にかかわらず、消防法の適用を受ける。例）灯油を買って車で家へ持って帰る。 ・危険物取扱者の免状は不要。	・移動タンク貯蔵所（タンクローリー）で危険物を運ぶこと。 ・移動タンク貯蔵所での移送は移送する危険物を取り扱うことのできる危険物取扱者を乗車させ、危険物取扱者の免状を携帯させる。

②移送の基準（移動タンク貯蔵所）

- 移動タンク貯蔵所（タンクローリー）での移送は、移送する危険物を取り扱うことのできる危険物取扱者を乗車させ、危険物取扱者の**免状を携帯**させる。
- 危険物を移送する者は、**移送の開始前**に移動貯蔵タンクの底弁その他の弁、マンホールおよび注入口のふた、消火器等の点検を十分に行う。
- 当該移送の1人の運転要員による運転連続時間（1回が連続10分以上で、かつ、合計が30分以上の運転を中断することなく連続して運転する時間をいう）が**4時間**を超える移送であるとき、または運転時間が1日当たり**9時間**を超える移送であるときは、**2人以上**の運転要員を確保すること。ただし、動植物油その他総務省令で定める危険物の移送については、この限りでない。

- 漏えい等災害の可能性がある場合は、消防機関および関係機関に通報する。
- 休憩や故障のために一時停止する場合は、安全な場所を選んで停車する。
- 車両の前後の見やすい箇所に **$0.3m^2$ 以上 $0.4m^2$ 以下**で黒地の板に黄色の反射塗料で「危」と表示した標識を掲示する。
- 見やすい箇所に危険物の**類、品名、最大数量**を表示する設備を設ける。
- 自動車用消火器を２本以上設置する。
- 完成検査済証、定期点検記録、譲渡・引き渡しの届出書および品名、数量または指定数量の倍数の**変更届出書**を**携行**する。

チェック

移動タンク貯蔵所に備え付けておく書類

・完成検査済証
・定期点検記録
・譲渡・引き渡しの届出書
・品名、数量、指定数量の倍数の変更届出書

◆移送の基準

ここだけ覚えよう

移動タンク貯蔵所（タンクローリー）での移送時は、必ず危険物取扱者の免状と完成検査済証を携帯する。

17 危険物の規制と命令（許可の取消しと使用停止命令）

学習すること
- 義務違反とそれに対する措置命令
- 事故が起きたときの対処法

1 義務違反と措置命令

①義務違反と措置命令

製造所等の所有者、管理者、占有者は当然ではあるが危険物の貯蔵や取扱いなどの基準に従う義務があり、これらに従わない場合は**市町村長等**から基準を守るように措置命令を受けることがある。

②無許可貯蔵に対する措置命令

仮貯蔵や仮取扱いの承認または製造所等の許可を受けずに指定数量以上の危険物を貯蔵・取扱いをした場合は、市町村長等は危険物の除去や災害防止のための必要な措置を行うよう、命じることができる。

表 14　措置命令該当事項と命令内容

措置命令	該当事項
危険物の貯蔵・取扱基準遵守命令	製造所等において危険物の貯蔵・取扱いが技術上の基準に違反しているとき
危険物施設の基準維持命令（修理、改造または移転命令）	製造所等において位置・構造・設備が技術上の基準に違反しているとき
製造所等の緊急使用停止命令	公共の安全の維持または災害の発生の防止に緊急に必要があると認めたとき
危険物施設保安統括管理者または危険物保安監督者の解任命令	危険物保安統括管理者もしくは危険物施設保安監督者が消防法もしくは消防法に基づく命令の規定に違反したとき、またはこれらのものに業務を行わせることが公共の安全の維持もしくは災害の発生の防止に支障を及ぼすおそれがあると認めるとき
予防規程変更命令	火災の予防のため必要があるとき
危険物施設の応急措置命令	危険物の流出その他の事故が発生したとき
移動タンク貯蔵所の応急措置命令	管轄する区域にある移動タンク貯蔵所について、危険物の流出その他の事故が発生したとき

③許可の取り消し・使用停止命令

次の場合は市町村長等から設置許可を取り消され、または期限を定めて施設の使用停止命令を受けることがある。

- 位置、構造または設備を無許可で変更した場合。
- 完成検査済証の交付前に使用したり、仮使用の承認を受けないで使用したりしたとき。
- 位置、構造、設備に係る措置命令に違反したとき。
- 政令で定める屋外タンク貯蔵所または移送取扱所の保安の検査を受けないとき。
- 定期点検の実施や、記録の作成、保存がなされないとき。

また、次の場合は市町村長等から期間を定めて使用停止命令を受ける。

- 危険物の貯蔵、取扱いの基準の遵守命令に違反したとき。移動タンク貯蔵所においては、市町村長の管轄区域において、その命令に違反したとき。
- 危険物保安統括管理者、危険物保安監督者を選任していないとき、もしくは業務を行わせていないとき。
- 危険物保安統括管理者、危険物保安監督者の解任命令に違反したとき。

ここだけ覚えよう

許可の取消し・使用停止命令については、該当するものよりも、逆に許可の取消し・使用停止命令に該当しないもの５つを押さえておくとよい。

- **免状に関すること（書換え等）**
- **保安講習に関すること（受講期限等）**
- **予防規程に関すること（変更届けを出していない等）**
- **届出に関すること（届出の出し忘れ等）**
- **危険物施設保安員に関すること（選任していない等）**

※届出義務を怠った者には罰則規定が適用される。

④立ち入り検査

市町村長等は、危険物による火災防止のために必要があると認めるときは、指定数量以上の危険物を取り扱っていると認められるすべての場所の所有者、管理者、占有者に対して次の命令を行うことができる。

- 資料の提出もしくは報告
- 消防吏員の立ち入り検査、質問
- 危険物の収去

⑤走行中の移動タンク貯蔵所の停止命令

火災予防のため必要があるとき、**消防《しょうぼう》吏《り》員《いん》または警察官**は走行中の移動タンク貯蔵所を停止させ、乗車している危険物取扱者の免状の掲示を求めることができる。

⑥罰　　則

法令に違反した場合は、例えば運転免許と同じように罰則の規定がある。また重大な違反に対しては違反者だけでなく、法人等にも罰則が適用される。これを両罰規定という。

2 事故時の措置

①応急措置

製造所等で危険物の流出事故などが発生した場合、所有者、管理者、占有者は応急措置を行う。これら応急措置が行われない場合は、市町村長等は応急措置をするように命じることができる。

②通報義務

万が一事故が発生した場合は、消防署や警察、海上警備救難機関等に通報しなければならない。

18 法令まとめ

学習すること

- どのような際に許可等が必要か
- 申請先について

製造所等の設置や変更などの手続きにはさまざまなものがあり、どこに申請をし、許可をもらうのか、承認をもらうのかをしっかり確認しておかなければならない。これらをまとめると以下のようになる。

表 15　製造所の設置などの申請

手続き	内容	申請先	申請時期
許可	製造所等の設置または変更	市町村長等	事前
承認	仮貯蔵、仮取扱い	消防長または消防署長	
	仮使用	市町村長等	
認可	予防規程の作成または変更	市町村長等	
届出	製造所等の譲渡、廃止	市町村長等	遅滞なく
	危険物保安統括管理者、危険物保安監督者の選任・解任	市町村長等	
	取扱う危険物の品名、数量または指定数量の倍数の変更	市町村長等	10 日前

許可、承認、認可、届出の各種手続きについては、ケースによって「許可」が必要なのか、「承認」が必要なのか、「認可」が必要なのか、「届出」が必要なのか、試験で問われる部分なのでしっかりと整理しておく必要がある。

ここだけ覚えよう

- **申請先について**
  - →**消防長・消防署長とくれば仮貯蔵・仮取扱いのみ**
  - →**知事とくれば免状**
  - →**その他の項目は市町村長等へ申請**

暗記ポイント 3日目

1…予防規程の制定および変更には**市町村長等**の**認可**が必要→「**認可**」とくれば「**予防規程**」

2…予防規程が必要な施設は**給油取扱所**と**移送取扱所**

3…予防規程が必要ない施設は**地下タンク貯蔵所**・**屋内タンク貯蔵所**・**販売取扱所**

4…第５種～第１種まで順に「**小型**→**大型**→**消火設備**→**スプリンクラー**→**栓**」と各消火設備につく名称で覚える。

5…危険物が残存している可能性のある設備、機械、容器等を修理する場合は、安全な場所で危険物を**完全に除去**してから行う。

6…**危険物以外の物品**との同時貯蔵は原則として禁止

7…**異なる類の危険物同士**の同時貯蔵は原則として禁止

8…「**計量口**」とくれば常に「**閉鎖**」、「**通気管**」とくれば常に「**開放**」

9…引火点 **40℃未満**の危険物（ガソリンなど）を注入するときは、移動タンクの**原動機**（タンクローリーのエンジン）**を停止する**。

10…運搬容器の記載事項に「**消火方法**」はない。

11…混載できる組み合わせは以下のとおり
第１類－第６類　第２類－第５類
第４類－第２類、第３類、第５類
（**イチロク　ニイゴ　ヨンニイサンゴ**）

12…移動タンク貯蔵所での移送時は、必ず危険物取扱者の**免状**と**完成検査済証**を携帯する。

13…許可の取消し・使用停止命令に該当しないもの
・**免状**に関すること（書き換え等）
・**保安講習**に関すること（受講期限等）
・**予防規程**に関すること（変更届けを出していない等）
・**届出**に関すること（届出の出し忘れ等）
・**危険物施設保安員**に関すること（選任していない等）
※届出義務を怠った者には**罰則規定**が適用される。

14…申請先について
・**消防長・消防署長**とくれば仮貯蔵・仮取扱いのみ
・**知事**とくれば免状
・その他の項目は**市町村長等**へ申請

part I 危険物に関する法令　理解度チェック―問―

1 第2類の危険物は、不燃性の固体である。

2 第6類の危険物は、不燃性の液体である。

3 屋内貯蔵所の床面積は $300m^2$ 以下とする。

4 移動タンク貯蔵所のタンクの容量は3万ℓ以下とする。また4,000ℓ以下ごとに区切るための間仕切り板を設ける。

5 屋外貯蔵所は、特定の建築物等との間に一定の距離を保たなければならない。

6 屋内タンク貯蔵所は、空地を保有しなければならない。

7 仮使用とは製造所等を変更する場合に、変更工事に係る部分以外の部分の全部又は一部を市町村長等の承認を得て完成検査前に仮に使用することをいう。

8 免状を亡失して再交付を受け、亡失した免状を発見した場合は、10日以内に再交付を受けた都道府県知事に亡失した免状を提出する。

9 免状を持っていて危険物の取扱いに継続的に従事している場合は、前回の受講日以後における最初の4月1日から2年以内に保安講習を受講しなければならない。

10 危険物保安統括管理者を選任・解任した場合は、遅滞なく市町村長等に届け出なければならない。

11 危険物保安監督者には、甲種、乙種および丙種危険物取扱者がなることができる。

12 大型消火器は、第3種消火設備に該当する。

13 危険物のくず、かす等は1日1回以上、危険物の性質に応じ安全な場所、方法で処理する。

14 運搬容器は、収納口を上方または横向きにして積載しなければならない。

15 製造所等で、危険物の取扱作業に従事している危険物取扱者が免状の書換えをしていないときは、市町村長等は製造所等の許可の取消または使用停止を命じることができる。

解答・解説

1 可燃性の固体である。 ×

2 記述のとおり。第6類の危険物は、不燃性の液体である。 ○

3 屋内貯蔵所の床面積は1,000m^2以下とする。 ×

4 記述のとおり。移動タンク貯蔵所のタンクの容量は3万ℓ以下とし、4,000ℓ以下ごとに区切るための間仕切り板を設ける。 ○

5 記述のとおり。屋外貯蔵所は、特定の建築物等との間に一定の距離を保たなければならない。 ○

6 屋内タンク貯蔵所は、保有空地が必要ない。 ×

7 記述のとおり。仮使用は製造所等を変更する場合に、変更工事に係る部分以外の部分の全部または一部を市町村長等の承認を得て完成検査前に仮に使用すること。 ○

8 記述のとおり。免状を亡失して再交付を受け、亡失した免状を発見した場合は、10日以内に再交付を受けた都道府県知事に亡失した免状を提出する。 ○

9 2年以内ではなく、3年以内に保安講習を受講しなければならない。 ×

10 記述のとおり。危険物保安統括管理者を選任・解任した場合は、遅滞なく市町村長等に届け出なければならない。 ○

11 危険物保安監督者の選任条件は、甲種または乙種の免状を持っており、実務経験が6カ月以上の者である。丙種はなれない。 ×

12 大型消火器は第4種消火設備に該当する。 ×

13 記述のとおり。危険物のくず、かす等は1日1回以上、危険物の性質に応じ安全な場所、方法で処理する。 ○

14 収納口を必ず上方に向けて積載しなければならない。 ×

15 免状に関することは使用停止にはならない。 ×

Part Ⅱ

基礎的な物理学・化学

本試験での出題数10問

危険物を理解するのに必要な最低限の知識をまとめた。中学校レベルの基礎的な物理学・化学ばかりなので、楽しみながら覚えよう。

1 物質の三態

学習すること

- 物質の状態変化の原因
- 物質の三態（固体・液体・気体）の成り立ち
- 三態変化が起こるしくみ

1 物質の三態

物質は圧力や温度などによりその状態を一般にいう気体、液体、固体に変化させる。例えば、水でいえば気体である水蒸気、液体である水、固体である氷と、温度変化によって状態が変化する。下のイラストを見るとわかりやすいだろう。こうした**固体**、**液体**、**気体**を**物質の三《さん》態《たい》**と呼ぶ。

◆水の三態の図

水の三態変化（1気圧の場合）

①原子と分子

物質を細かくしていくと最終的には原子に分けられる。つまり、**原子**とは物質の最小の単位のことである。しかし、実際に私たちが物質と呼んでいるものは、この最小単位である原子がいくつか集まってはじめて物質と

> **チェック**
> 原子と分子については112ページを参照。

しての性質を持つようになったものだ。そして、原子がいくつか集まったものを**分子**という。

②粒子《りゅうし》の熱運動

物質を構成している原子や分子は熱によるエネルギーが発生しているために、絶えず運動している。これを粒子（小さな粒の物体で物質を構成）の熱運動という。

◆固体・液体・気体での粒子の運動状態

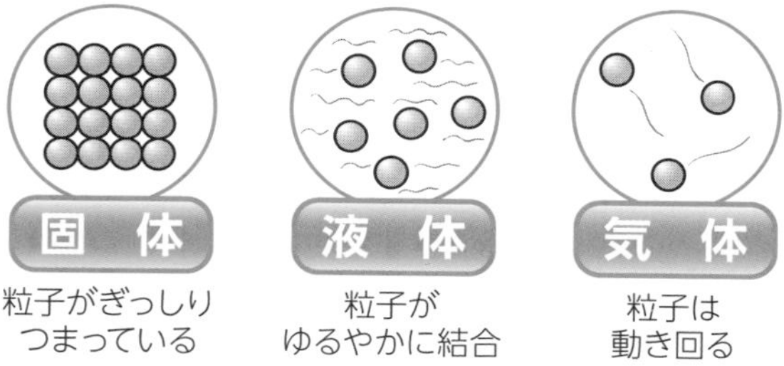

③物質の三態と粒子の状態

（A）固体

粒子が規則正しく並んでいる状態。つまり粒子はほとんど運動していない状態にある。

（B）液体

温度が上がることにより粒子の運動が活発になり、粒子は不規則に集合している。そのため流動性がある。

（C）気体

温度が上がってさらに粒子の運動が活発になった状態。粒子は自由に動いているので、一定の形や体積を保つことはできない。

2 物質の三態変化

物質が三態それぞれに変化することを物質の三態変化という。

◆三態変化の図

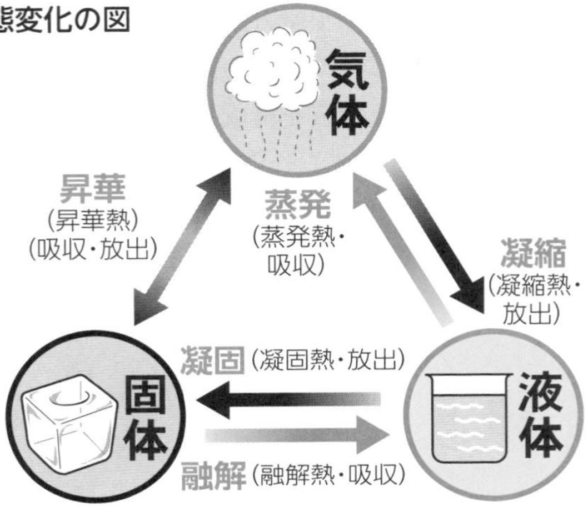

① 融解《ゆうかい》

物質が固体から液体になることを**融解**という。水でいえば氷が溶けて水になる変化のことである。この時の温度を融点という。**融解するには熱を吸収（温度が上がる）すること**が必要で、この熱を**融解熱**という。

② 凝固《ぎょうこ》

物質が融解とは逆に液体から固体になることを**凝固**という。この時の温度を凝固点といい、**凝固するには熱を放出（温度が下がる）すること**が必要で、この熱を**凝固熱**という。

③ 蒸発《じょうはつ》（気化）

物質が液体から気体になることを**蒸発（気化）**という。これには**熱の吸収**を伴い、この熱を**蒸発（気化）熱**という。

④ 凝縮《ぎょうしゅく》

蒸発とは逆に物質が気体から液体になることを**凝縮**という。これには**熱の放出を伴い、この熱を凝縮熱**という。

⑤　昇華《しょうか》

物質が固体から気体に直接変化することを**昇華**という。また、逆に気体から直接固体に変化することも昇華という。この時に**吸収**、**あるいは放出される熱を昇華熱**という。

⑥　潮解《ちょうかい》と風解《ふうかい》

固体の物質が空気中の水分を吸収して溶ける現象を**潮解**という。また、空気中に放置することにより結晶水を含んだ物質がその結晶水の一部または全部を失うことを**風解**という。

> ⚠注　意⚠
> 潮解と風解は試験においては**誤りの選択肢に使われることが多い**ので注意が必要である。

⑦　三態変化に伴う熱の移動のまとめ

- 物質の変化には熱の移動が伴う。
- 蒸発熱↔凝縮熱、融解熱↔凝固熱の関係にある。
- 熱が吸収されるのか放出されるのかは、水で考えるとわかりやすい。

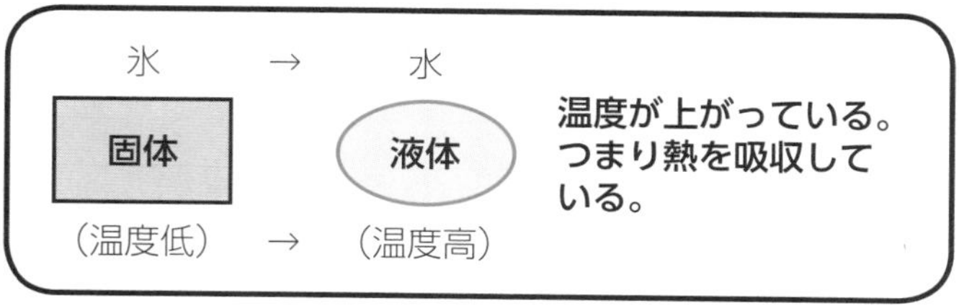

表1　熱の移動と三態変化

熱の吸収		熱の放出	
液体 → 気体（気化）	蒸発（気化）熱	気体 → 液体	凝縮熱
固体 → 液体（融解）	融解熱	液体 → 固体	凝固熱

ここだけ覚えよう

- **物質には気体・液体・固体の三態がある。**
- **物質の三態変化には融解⇔凝固　蒸発⇔凝縮　昇華があり、それぞれ熱の吸収と放出など、熱の移動を伴う。**

2 水の性質

学習すること

- 水の変化と特徴
- 水の密度と温度変化

水は氷→水→水蒸気と変化するが、特徴としては、以下のとおりだ。

- 4℃で体積が最小となり、密度や比重が最大になる。
- 1 cm^3 の質量は1 gであり、1気圧であれば100℃で沸騰する。
- 蒸発熱（比熱）が大きいため、冷却消火に使用される。

表2　水の物理的性質

沸点	100℃（1気圧）
融点	0℃（1気圧）
密度 （水） （氷）	 1.00g/cm^3（4℃） 0.917g/cm^3（0℃）
比熱	4.19J/g・℃（15℃）（1cal/g・K）
蒸発熱	40.7kJ/mol（100℃）（539cal/g）

チェック

比熱については、103ページを参照。

表3　水の温度と比重

温度℃	比重（4℃の水＝1.00000とする）
−10	0.997935
0	0.9998676
4	1.0000000
10	0.9997281
20	0.9982336
40	0.9922473
60	0.98327
80	0.97183
100	0.95838

チェック

比重については100ページを参照。

ここだけ覚えよう

- 1 cm^3 の質量は1 g。
- 1気圧であれば100℃で沸騰する。

3 沸騰・沸点

学習すること
- 沸点の定義
- 沸騰のメカニズム

1 沸騰とは

沸騰《ふっとう》とは液体の加熱により、液体の表面だけでなく内部から気化が起こる状態である。沸点《ふってん》とは、沸騰している状態の液体の温度のことであり、液体の飽《ほう》和《わ》蒸《じょう》気《き》圧《あつ》と外圧（通常１気圧）が等しくなる時の液温をいう。

用語
飽和蒸気圧
同種の液体と気体が平衡状態で共存する時の気体の圧力のこと。周囲の圧力が飽和蒸気圧に等しければ、沸騰して気化する。

2 沸点と気圧の関係

ご飯を炊くとき、高い山の上だとうまく炊けないことがあるが、原因は沸点が低くなるからである。沸騰している状態のときの液温ではなく圧力の状態に注目すると、沸騰している状態では液体にかかる圧力（外圧）と蒸気による圧力（蒸気圧）が等しい状態になっている。

つまり、沸騰は、**外圧《がいあつ》と蒸気圧が等しい状態の時に起こり、そのときの液温が沸点**であるから**外圧が下がると必要な蒸気圧も下がるので沸点が下がり、逆に外圧が上がると必要な蒸気圧も上がるので沸点が上がる**。

◆沸点と気圧

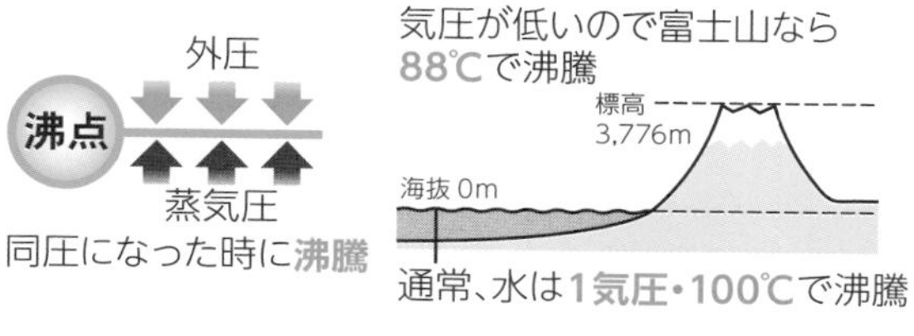

ここだけ覚えよう
- **液体の表面からではなく内部から気化が起こる状態を沸騰という（水がぼこぼこと泡を出している状態）。**
- **液体の飽和蒸気圧と外圧（通常１気圧）が等しくなる時の状態が沸騰で、その時の液温を沸点という。**
- **沸点は加圧すると上昇し、減圧すると下降する。**

4 比重

学習すること

- 液比重と液体の関係
- 蒸気比重と気体の関係

1 液比重

固体または液体の重さと水（1気圧、4℃の1g）の重さ（密度）を比べたときの比率を比重（液比重）という。

この比重が1より大きい場合（比重は比率なので単位はない）は水より**重い**ので沈み、1より小さい場合は水より**軽い**ので水に浮く。なお、第4類危険物の液比重は1より小さいものが多い（水より軽い）。

◆**液比重**

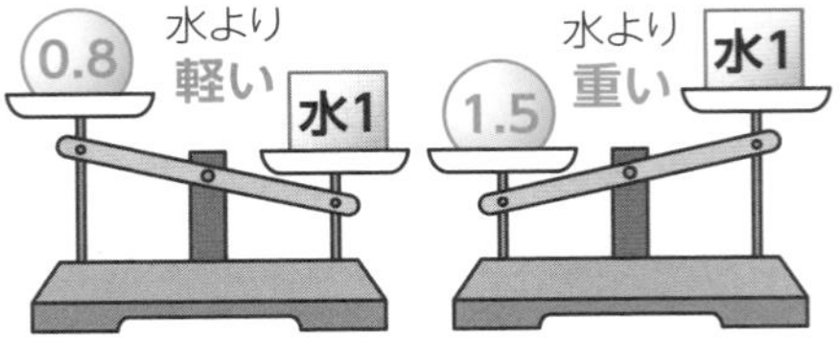

2 蒸気比重

気体や蒸気の重さと空気（1気圧、0℃の1ℓ）の重さを比べたときの比率を蒸気比重という。

この蒸気比重が1より大きい場合は空気より**重い**ので下に滞留し、1より小さい場合は空気より**軽い**ので上方に拡散する。なお、第4類危険物の蒸気比重はすべて1より大きい（空気より重い）。

チェック

第4類危険物は引火性の液体であり、比重によって取扱い方法が違う。危険物のそれぞれの特徴については157ページ～を参照。

チェック

第4類危険物の液比重の例外として二硫化炭素、酢酸、グリセリン、ニトロベンゼンが挙げられる（157ページ参照）。

チェック

第4類危険物は蒸気比重がすべて1より大きいので、低所での換気が必要となる。

ここだけ覚えよう

- **液比重**とは水の重さを1としたときの重さの比率のこと。
- **蒸気比重**とは空気の重さを1としたときの重さの比率のこと。
- 第4類危険物の液比重は1より小さいものがほとんどである（例外：二硫化炭素は比重 1.3）。蒸気比重はすべて1より大きい。

4日目

5 気体の性質・温度の単位

学習すること

- 気体の圧力の法則（ボイルの法則）
- 気体の体積の法則（シャルルの法則）
- 気体の体積と圧力の法則（ボイル・シャルルの法則）

1 気体の性質

①ボイルの法則

温度が一定のとき、気体の圧力は体積に**反比例**する。これを**ボイルの法則**という。例えば、1気圧 100ml の空気が 200ml になると、圧力は 0.5 気圧になる。つまりは下記のような関係が成り立つ。

圧力×体積＝一定

◆ボイルの法則

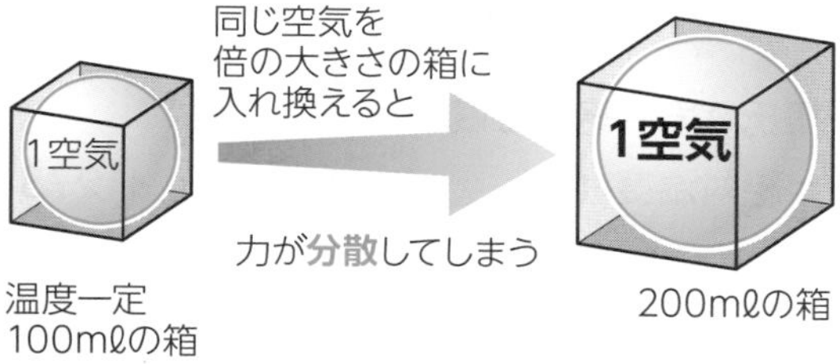

つまり、温度が一定であれば、気体の体積と圧力を掛けた数字は常に同じになるということ。

②シャルルの法則

圧力を一定に保った状態では、気体の体積は温度が1℃変化すると**1／273**ずつ膨張・収縮する。これを**シャルルの法則**という。

つまり、仮に圧力が一定であれば、気体の体積は**温度に比例する**ということである。

③ボイル・シャルルの法則

①②のことから、気体の体積は圧力に**反比例**し、温度に**比例**する。これを**ボイル・シャルルの法則**という。

2 温度の単位

①セルシウス温度（摂氏温度）

私たちが一般的に温度と呼んでいるものを指す。単位は**℃**。

②絶対温度

気体は温度が1℃変化すると1/273ずつ膨張・収縮すると説明したが、−273℃では体積が0になる。そして、この体積0になる温度を基準（0）としたものを**絶対温度**という。単位は**ケルビン（K）**。

つまりセルシウス（摂氏）温度でいう0℃は、絶対温度でいう**273 K**となる。

摂氏0℃＝絶対温度273 K
⇒絶対温度（K）＝摂氏温度（℃）＋273

なお、たまに「1℃」を「1K」と絶対温度表記で出題されることもあるが、基準（0）の場所が違うだけであり、セルシウス（摂氏）温度（℃）も絶対温度（K）も1℃（1K）の上がり幅は同じである。

ここだけ覚えよう

- 温度が一定であれば気体の圧力は体積に**反比例**する（**ボイル**の法則）。
- 圧力が一定であれば気体の体積は温度に**比例**する（**シャルル**の法則）。
- 気体の体積は圧力に反比例し、温度に**比例**する（**ボイル・シャルル**の法則）。

6 熱量・熱容量・比熱

学習すること

●物質の温度の変化

1 熱　　量

例えば、熱した石の上に水をかけると蒸発する。これは石から水に熱が移動したために起こる。この熱のエネルギーのことを**熱量**と呼ぶ。単位は**ジュール（J）**。

2 比　　熱

物質１ｇを１℃（K）上昇させるのに必要な熱量をその物質の**比熱**という。単位はJ／g・℃。

$$\text{比熱 J／(g・℃)} = \frac{\text{熱量（J）}}{\text{質量(g)×温度差(℃またはK)}}$$

また、物体の温度を１℃上昇させるのに必要な熱量をその物体の**熱容量**という。ということは、比熱がその物質１ｇを１℃上昇させるのに必要な熱量であるならば、物体の質量に比熱を掛ければ熱容量を求めることができる。つまり、熱容量は次の式で求められる。

熱容量＝質量×比熱

以上のことから、物体の温度を〇〇℃上昇させるのに必要な熱量は次の式で求められる。

熱量＝質量×温度差×比熱

なお、試験において「熱容量の式はどれか」と問われた場合は、以下の計算式を活用すればよい。

> 質量m（g）の物体の比熱がc（J／g・℃）だとすると、熱容量Cは
>
> C＝m・c（J／℃）（熱容量＝質量×比熱）

3 熱量と比熱の計算問題

例題を使って、熱量と比熱を説明しよう。

例題1 ある物質100gを10℃から50℃まで上昇させるために2,000Jの熱量を使った。この物質の比熱はいくらか。

比熱を求める前ページの計算式を当てはめてみると、

10℃から50℃までの温度差は40℃だから、

$$比熱 = \frac{2,000}{100 \times 40} = 0.5J \ ／ \ g・℃$$

答えは、**0.5J/g・℃**となる。

例題2 10℃の水200gを60℃まで温めるのに必要とする熱量はいくらか。比熱は0.5J／g・℃とするものとする。

熱量を求める前ページの計算式を当てはめると、

10℃から60℃まで温めるのだから、温度差は50℃。水の比熱は0.5J／g・℃なので

熱量 = 0.5 × 200 × 50 = 5,000J

答えは**5,000J**となる。

ここだけ覚えよう

- **物質1gを1℃上昇させるのに必要な熱量を比熱、物体の温度を1℃上昇させるのに必要な熱量を熱容量といい、「熱容量＝質量×比熱」の関係がある。**
- **熱量の計算式　熱量＝質量×温度差×比熱**
- **質量mの物体の比熱がcのとき、熱容量CはC＝m・c**

4 日目　7 熱膨張

学習すること

- 熱膨張の定義（固体・液体・気体）
- 熱膨張の求め方（計算式）

1 固体の膨張

物体は熱せられるとその体積が膨張する。この現象を**熱膨張**《ねつぼうちょう》という。固体の膨張には、長さが変わる**線膨張**《せんぼうちょう》と体積が変わる**体膨張**《たいぼうちょう》の２つがある。これらは固体の場合、物質固有の比率で温度が１℃変化するごとに膨張または収縮する。これを計算式で表すと、

膨張した体積＝元の体積×温度差×体膨張率

（変化した長さ＝元の長さ×温度差×線膨張率）

で表すことができる。

2 液体の膨張

液体の場合は線膨張がないが、基本的には固体の膨張と同じ式で表すことができる。

3 気体の膨張

気体の膨張も体膨張のみだが、気体の場合は、体膨張率はどの物質でもほぼ同じで、また膨張率も固体、液体に比べて非常に大きい。そしてその**膨張率は約 1 ／ 273** であり、これを**平均体膨張率**という。

ここだけ覚えよう

今まで熱膨張の計算はガソリンに関することしか出題されたことはない。ガソリンは体膨張率を 0.00135（1.35 ／ 1,000）として計算する、と覚えておこう。

4日目

8 熱の伝わり方

学習すること

●熱の移動の定義

熱が移動することにも名前がついており、**伝導**《でんどう》・**対流**《たいりゅう》・**放射**《ほうしゃ》の３つがある。

1 伝　導

熱が物質を伝わって移動することを**伝導**といい、この熱の伝わりやすさを**熱伝導率**という。熱伝導率は傾向として、

固体＞液体＞気体

金属＞非金属

の関係がある。つまり、気体より固体のほうが熱を伝えやすく（伝導率が大きい）、非金属（プラスチックや木片など）より金属のほうが熱を伝えやすいということになる。

◆伝導のメカニズム

熱の伝導

●鍋が温まり（固体）→水が熱くなり（液体）→沸騰して蒸気になる（気体）。
●金属鍋（金属）のほうが土鍋（非金属）より熱を伝えやすい。

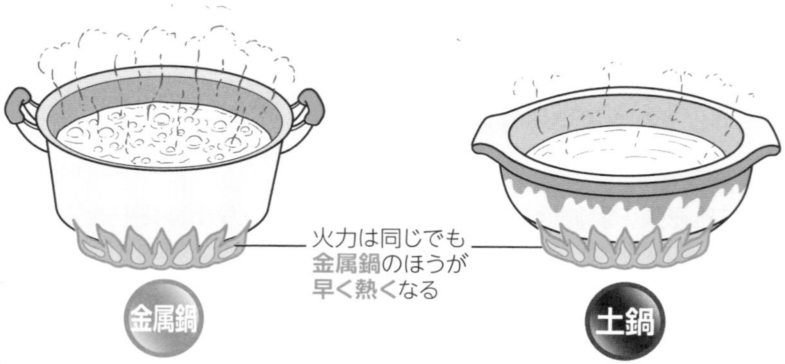

2 対　流

液体や気体が周りとの温度差により起こる熱の移動を**対流**という。対流は、温度が上がると体積が膨張して上昇し、その下に冷たい液体や気体が流れ込んでくることにより起こる。風呂を沸かしたとき、上が熱く、下が冷たい状態になるのはこれが原因だ。

3 放　射

熱を持つ物体が放射状に空間へ熱を伝えることを**放射**といい、この熱が物体に吸収されて温度が上がったりするエネルギーを**放射熱**という。太陽の熱はこれに当たる。放射熱は輻射（ふくしゃ）ともいわれる。

◆放射と対流

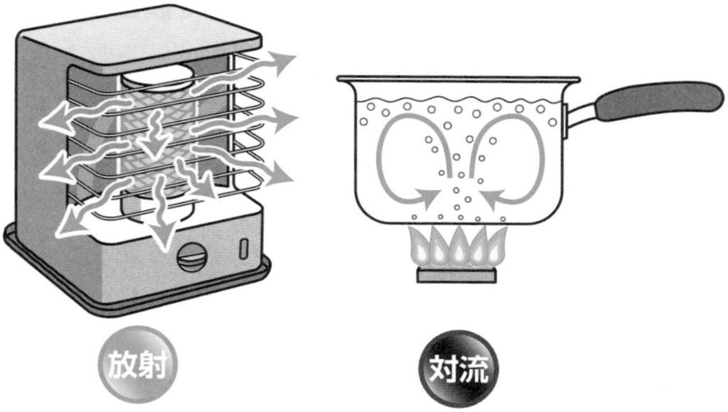

ここだけ覚えよう

- 熱の伝わり方には**伝導**・**対流**・**放射**がある。
- 熱伝導率は、大きい順に　**固体**＞**液体**＞**気体**、金属＞非金属となる。
- 「熱伝導率が小さい」ということは、熱が伝わりにくい、すなわち一カ所に熱が集まるから「燃えやすい」ということを意味する。例えば、金属よりもプラスチックや木片などの非金属のほうが燃えやすい。
- 試験で熱伝導率を問われて、もし一番小さいものを選べということであれば、迷わず**気体**の物質を選べばよい。

4日目　9　静電気

学習すること

- 静電気の性質と発生原因
- 静電気の防ぎ方と火災への対処

1　静電気とは

一般に電気というと、導線に流れる電気のことを指すが、物体に溜まったまま流れない電気もあり、これを**静電気**という。

2　静電気の特徴

静電気は**電気の不良導体《ふりょうどうたい》、つまり電気を通さない物体が摩擦することによって発生する**。例えば、下敷きをこすると静電気が発生するという現象もこれが原因である。そして、**溜まった静電気が放電すると火花が散り、それが点火源となって、火災が発生する原因にもなる**。

静電気は、次のような場合にも発生する可能性があるので、**危険物を取り扱うときは静電気が発生しないように注意**しなければならない。

チェック

不良導体
第４類危険物は、電気の不良導体が多い（例外：アルコール）。

表４　静電気の発生原因

機　構	内　容
接触帯電※	２種類の物質を接触させた後に分離させるときに発生する
流動帯電	管内を液体が流動するときに発生する
沈降帯電	液体中を他の液体や固体が沈むときに発生する
破砕帯電	固体を砕くときに発生する
噴出帯電	液体がノズルなどから噴出するときに発生する
誘導帯電	帯電した物体と接近することで、物体同士が接触することなく二次的に発生する

※物質が電気を帯びることを帯電という。

3 静電気発生の条件

静電気が発生する条件は以下が挙げられる。

①物質間の**摩擦《まさつ》**

②液体や固体の**流動**

③電気的に**絶縁《ぜつえん》**された物質間　など

4 静電気発生の防止

静電気による災害を防ぐには、下記のように、点火源になる静電気（火花）を発生させないようにすればよい。

静電気の防止方法

①**摩擦**を少なくする。

②**帯電《たいでん》**しにくい物質を選ぶ。

③**接地導線（アース）**をつける（電気を逃がす）。

④流速を**遅く**する。

⑤湿度を**高く**する。

静電気の発生しやすさは流速に**比例**する（**反比例ではない**）。速ければ速いほど発生しやすくなる。

5 静電気火災の消火方法

静電気はあくまで点火源であり、静電気による火災は、電気火災の消火方法ではなく**燃焼物に応じた消火方法**をとる。

ここだけ覚えよう

- **物質は静電気が発生しても、①発熱②反応③分解④絶縁⑤蒸発等は一切しない。**
- **静電気が原因で発生した火災は、燃焼物に応じた消火方法を行う（電気火災に準じた消火方法は誤り）。**
- **静電気は電気の不良導体同士の摩擦で発生する。**

暗記ポイント 4日目

1…物質には気体・液体・固体の三態がある。

2…物質の三態変化には融解⇔凝固　蒸発⇔凝縮　昇華があり、それぞれ熱の吸収と放出など、熱の移動を伴う。

3…1 cm^3 の質量は1 g。

4…1気圧であれば100℃で沸騰する。

5…液体の飽和蒸気圧と外圧（通常1気圧）が等しくなる時の状態が沸騰で、その時の液温を沸点という。

6…沸点は加圧すると上昇し、減圧すると下降する。

7…液比重とは水の重さを1としたときの重さの比率のこと。

8…蒸気比重とは空気の重さを1としたときの重さの比率のこと。

9…温度が一定であれば気体の圧力は体積に反比例する（ボイルの法則）。

10…圧力が一定であれば気体の体積は温度に比例する（シャルルの法則）。

11…気体の体積は圧力に反比例し、温度に比例する（ボイル・シャルルの法則）。

12…・物質1gを1℃上昇させるのに必要な熱量を比熱、物体の温度を1℃上昇させるのに必要な熱量を熱容量といい、「熱容量＝質量×比熱」の関係がある。

13…熱量の計算式　熱量＝質量×温度差×比熱

14…質量mの物体の比熱がcのとき、熱容量CはC＝m・c

15…熱の伝わり方には伝導・対流・放射がある。

16…熱伝導率は、大きい順に固体＞液体＞気体、金属＞非金属となる。

17…試験で熱伝導率を問われて、もし一番小さいものを選べということであれば、迷わず気体の物質を選べばよい。

18…物質は静電気が発生しても、①発熱②反応③分解④絶縁⑤蒸発等は一切しない。

19…静電気が原因で発生した火災は燃焼物に応じた消火方法を行う（電気火災に準じた消火方法は誤り）。

20…静電気は電気の不良導体同士の摩擦で発生する。

ちょっとひといき コーヒーブレイク

危険物取扱者のお仕事 その3　消防士

消防士になるのに乙四危険物取扱者資格は必ずしも必要ではありませんが、消防士として仕事をするうえで、危険物や燃焼理論、消火剤の知識はあると役に立つでしょう。

参考：消防士において資格手当が設けられている場合は手当が 2,000 ～ 5,000 円 / 月程度アップするようです。

5日目 10 原子と分子

学習すること

- 原子と分子の構造
- 原子量と分子量の構造

1 原子と分子

物質を分解していくと最後に1つの粒子となる。この、**物質を形成している最小の物質を原子**という。

原子には**原子核**と**電子**があり、原子核は**陽子《ようし》**と**中性子**から成り立っている。陽子は**プラス**の電荷を持つため、原子核はプラスの性質となる。電子は**マイナス**の電荷を持っていて、陽子数と電子数が同じであるので、原子は電気的に中性となっている。

同じ数の陽子を持つ原子のグループを**元素《げんそ》**といい、それを表すアルファベットの記号を**元素記号**という。元素はそれぞれ原子核の陽子の数によって決められており、その数を**原子番号**という。

一方、**分子**はこれら**原子が結合してその物質の性質を示す最小の単位**のことである。例えば、水は酸素と水素という原子が結合して初めて水の性質を示すのであって、酸素だけでも水素だけでも水の性質にはならない。

◆水の分子構造

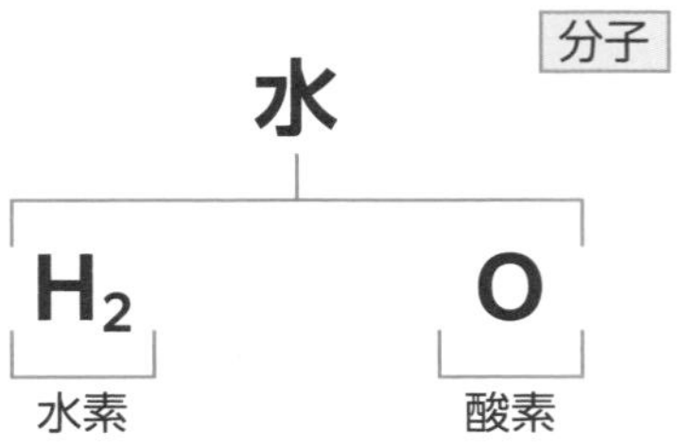

用語

電荷《でんか》
電気現象の根源となる実体。その量を電気量をいう。

2 原子量

原子の質量《しつりょう》を表す数値が**原子量**である。これは炭素の質量 12 を基準にし、それと比べてどれだけの質量があるかで表している。例えば、水素の原子量は 1 だが、これは炭素の質量の 12 分の 1 であるということを表している。

用語

質量
その物質の量を表す。重さと混同しがちだが、厳密にはまったく違うもの。重さには重力が関係しているが、質量には関係ない。

3 分子量

分子の中に含まれている**原子量の和**を**分子量**という。例えば、二酸化炭素は分子式で表すと CO_2 であり、炭素（C）の原子量は 12、酸素（O）の原子量は 16 なので、C が 1 個（12）と O が 2 個（32）で、合計 44 が二酸化炭素の分子量となる。

◆二酸化炭素の分子式

用語

モル（mol）
物質量のこと。物質（6.02×10^{23}）の分子量に等しい量＝1 mol となる。

ここだけ覚えよう

- 物質を形成している最小の物質を**原子**という。
- 原子が結合してその物質の性質を示す最小の単位を**分子**という。
- 原子の質量を表す数値を**原子量**という。
- 分子の中に含まれている原子量の和を**分子量**という。

5 日目

11 単体・化合物・混合物

学習すること

●物質の種類と特徴

1 単体と化合物

酸素や水素のように**1種類の元素からなるものを単体という**。一方、水のように酸素と水素という**2種類以上の元素からできている物質を化合物という**。

単体の例　水素、酸素、窒素、硫黄、鉄、ナトリウムなど

化合物の例　水、アンモニア、塩化ナトリウム、一酸化炭素など

2 純物質と混合物

酸素や窒素、水など**1つの物質からできているものを純物質という**。一方、水と塩の混ざった食塩水、窒素や酸素が混じり合った空気など、**2種類以上の物質が混じり合ったものを混合物という**。

混合物の例　空気、ガソリン、軽油、砂糖水、海水など

ここだけ覚えよう

- **物質には単体・化合物・混合物がある。**
- **「○○素」というのは単体が多い。**
- **「～化○○」というのは化合物が多い。**
- **ガソリンや軽油など、ガソリンスタンドに売っているものは混合物が多い。**

5 日目

12 同素体と異性体

学習すること

- 同素体と異性体の特徴と違い

同じ元素からできているが、原子の配列や結合状態が違うため、化学的・物理的性質が異なる物質同士を**同素体**という。例えば、炭素とダイヤモンドは同じ原子（C）でできているが、その姿かたちはまったく異なる。

同素体の例　ダイヤモンド（C）と黒鉛《こくえん》（C）
赤りん（$P\nu$）と黄りん（P_4）
酸素（O_2）とオゾン（O_3）など

また反対に、同じ数、同じ種類の原子を持っており、同じ分子式であるが、違う構造をしており、性質が異なる物質同士を**異性体**という。

異性体の例　n《ノルマル》-ブタンとイソブタンなど

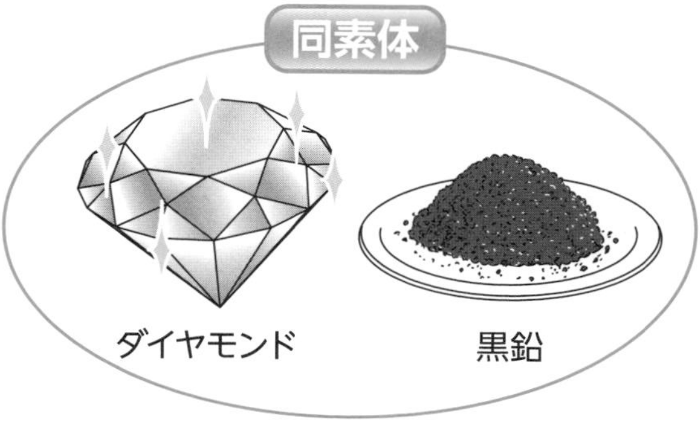

ここだけ覚えよう

同じ原子でできている単体だが性質が異なるものを**同素体**といい、分子式で表すと同じであっても性質の違うものを**異性体**という。

5日目

13 物理変化と化学変化

学習すること

- 物理変化と化学変化の形態
- 化学の基本的な法則
- 化学式

1 物理変化

物質は環境によって変化する。その中で、水が氷になるように、物質の性質そのものは変化せず、単に形や体積などが変化する、つまり**単に形状や見た目が変わるだけの変化を物理変化という**。

◆物理変化

（物理変化の例）

- 氷が水になる（**融解**）、ドライアイスが二酸化炭素になる（**昇華**）などの**三態変化**
- 原油を蒸留してガソリンを精製する。
- ニクロム線に電気を通すと発熱する。
- 砂糖を水に溶かして砂糖水にする。
- 鉛に熱を加えて溶かす。

チェック
三態変化については96ページ参照。

2 化学変化とは

物理変化と違い、**元の物質とまったく異なる他の物質になる変化を化学変化という**。

（例）$2H_2 + O_2 \rightarrow 2H_2O$

水素と酸素から水という異なる物質ができている

（化学変化の例）

- ○○が××になる（違う物質になる）。
- ○○が錆びる（酸化）。
- ○○が発生する、○○が燃える（燃焼）。
- 中和反応
- 分解反応

3 化学変化の形態

化学変化とは、化学反応によって化学式が変わることともいえるが、その化学式の形態としては、①**化合**、②**分解**、③**置《ち》換《かん》**などがある。

①化合

２種類以上の物質が化学的に合体、作用して違う物質が生じる化学変化をいう。

$$A + B \rightarrow AB$$

（化合の例）

水素と酸素が結合して水になる

$$2H_2 + O_2 \rightarrow 2H_2O$$

ここだけ覚えよう

- **物理変化とは性質は変わらず見た目だけの変化のこと。○○が溶ける、○○を混ぜる、静電気が発生する、発熱するなどは物理変化と考える。すべてに当てはまるわけではないが、わからなければ、理解するよりもこれを暗記するほうが近道。**
- **化学変化とはまったく異なる性質のものに変化すること。**
- **物理変化以外は化学変化ととらえてもよい。**

②分解

２種類以上の物質が合体したものが、２つ以上に分かれる反応のことをいう。

$AB \rightarrow A + B$

（分解の例）

水が水素と酸素になる

$2H_2O \rightarrow 2H_2 + O_2$

③置換

化合物の一部が違う物質と置き換わることを置換という。

$AB + C \rightarrow AC + B$

（置換の例）

亜鉛と塩酸が塩化亜鉛と水素になる

$Zn + 2HCL \rightarrow ZnCl_2 + H_2$

4 化学における基本的な法則

①質量保存の法則

化学変化が起こるとき、化学変化前と化学変化後では物質は変化しても、それらを合計した質量は変化しない。これを**質量保存の法則**という。

つまり、化学式の左辺と右辺は物質が変わっても、その**質量**は変化しないということである。

チェック

質量保存の法則の例
水素と酸素が結合して水になる場合、$2H_2+O_2 \rightarrow 2H_2O$ の式が成り立つが、これを質量で見てみると、Hが1、Oが16なので、2×2＋16×2＝36→2×2＋16×2＝36と、変化後も同じになっている。

②倍数比例の法則

例えば、水と過酸化水素で水素と酸素の比率は

水

（H_2O）→水素２：酸素16＝１：８

過酸化水素

（H_2O_2）→水素２：酸素32＝１：16

つまり、水素と化合する酸素の比率は１：２となって

いる。このように２つ以上の元素が化合して２種の化合物をつくる場合、一方の元素と化合する元素には簡単な整数比が成り立つ。このことを**倍数比例の法則**という。

③定比例の法則

例えば、水はH_2Oで表し、水素と酸素の質量の比率は１：８になっているが、これはどのような方法で作っても変わらない。つまり、１つの化合物中で化合している元素の質量の比は常に一定である。これを**定比例の法則**という。

④アボガドロの法則

すべての気体は、同温・同圧では同じ体積の中に同じ数の分子を含む。そしてすべての気体 1 mol は 0 ℃、１気圧で**約 22.42 ℓ の体積であり、その中に 6.02×10^{23} 個（アボガドロ定数という）の気体分子を含む**。これを**アボガドロの法則**という。

⚠注　意⚠

試験では、質量保存の法則、倍数比例の法則、定比例の法則、アボガドロの法則を使って解く問題が出題される。そのため、意味は理解できなくても内容は覚えておく必要がある。

ここだけ覚えよう

- **質量保存の法則とは、化学変化が起こった場合、物質は変化するが、物質の質量は変化前と変わらないこと。**
- **倍数比例の法則とは、２つ以上の元素が化合して２種の化合物をつくる場合、一方の元素と化合する元素に簡単な整数比が成り立つこと。**
- **定比例の法則とは、１つの化合物中で化合している元素の質量の比は常に一定であること。**

5 化学式と化学反応式

①化学式

元素記号で物質の構造を表す式を（水→ H_2O 等）を化学式という。化学式には以下のようなものがある。

表1　化学式の種類

分子式	分子を構成する原子の数を表した式
組成式	分子を構成する原子の数を整数の割合で表した式
示性式	物質を構成する原子団（基という）が示す特有の性質ごとに区分して表した式
構造式	原子の結合状態を表した式

◆分子式・示性式・構造式の例

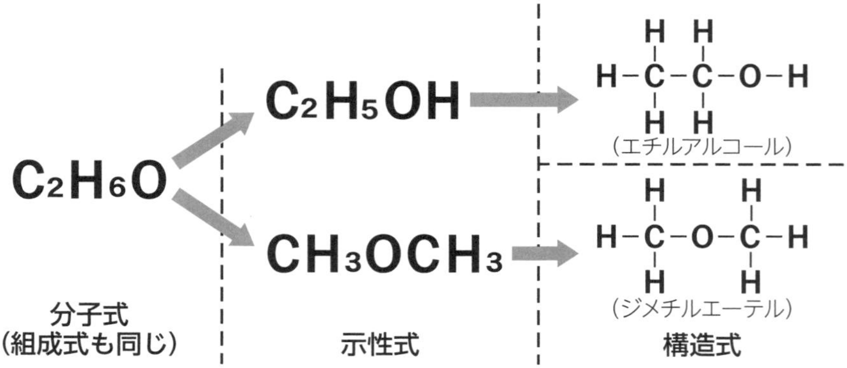

②化学反応式

物質の化学変化を、化学式を用いて表した式を**化学反応式**という。前述の**3 化学変化の形態**の所で例示しているのがいわゆる化学反応式である。

（例）水素が燃焼して水ができる。

$$2H + O_2 \rightarrow H_2O$$

6 熱化学

①反応熱

化学変化が起こるとき、一般に熱の発生や吸収を伴うが、このとき1 mol の物質が発生・吸収する熱を**反応熱**と呼び、発熱の場合は**発熱反応**、吸収する場合は**吸熱反応**と呼ぶ。

②熱化学方程式

化学反応式に反応熱を記入して＝で結んだものを**熱化学方程式**という。この反応熱は発熱は「＋（プラス）」、吸熱は「－（マイナス）」で表す。また基本となる物質は1 mol で表すので、その他は分数で表すこともある。

（例：水の場合）

$$H_2 + 1/2O_2 = H_2O + 286KJ$$

③反応熱の種類

反応熱にはその発生の仕方によって名前がついている。

表2　反応熱の発生の仕方

燃焼熱	完全燃焼を起こすときに発生する熱
生成熱	化合物を構成する元素単体から生じる反応熱。発熱も吸熱もある。つまり何か別の物質が生まれるときに発生する熱
分解熱	生成熱とは反対で分解するときに発生する。生成熱と分解熱は等しい関係にある
中和熱	中酸と塩基の中和（後述）で発生する熱
溶解熱	物質を溶かすときに発生または吸収する熱

用語

キロジュール（KJ）
反応熱の熱量の単位のこと。

ここだけ覚えよう

- **反応熱とは、化学変化が起こるとき、物質が発生・吸収する熱をいう。**
- **反応熱のうち、発熱の場合は発熱反応、吸収する場合は吸熱反応という。**

5日目

14 酸と塩基

学習すること

- 酸と塩基（アルカリ）の性質
- 水素イオンと酸性、塩基性（アルカリ性）の関係
- 中和のしくみ

1 酸と塩基

用語

電離
物質が水に溶けて、電気的にプラスイオンとマイナスイオンに分かれること。

イオン
原子や分子が電子を渡したり受け取ったりすることで電荷（プラスやマイナス）を持ったもののこと。

①酸

一般に水に溶けると電離して**水素イオン（H^+）**を生じる物質、もしくは水素イオンを与えることのできる物質のことをいう。

例：塩化水素（塩酸）　$HCl \rightarrow H^+ + Cl^-$

②塩基《えんき》（アルカリ）

一般に水に溶けると電離して**水酸化イオン（OH^-）**を生じる物質、もしくは水素イオンを受け取ることのできる物質のことをいう。

例：水酸化ナトリウム　$NaOH \rightarrow Na^+ + OH^-$

2 酸と塩基の強弱

強い酸、弱い酸などを決めるのは電離する水素イオンと水酸化イオンの数である。

表3　酸性と塩基性（アルカリ性）の特徴

酸性	塩基性（アルカリ性）
①青色リトマス紙を**赤変**させる	①赤色リトマス紙を**青変**させる
②酸味がある	②苦味がある
③**金属**を溶かす	③フェノールフタレインで赤色になる
④水溶液中で**水素イオン**を放出	④水溶液中で**水酸化イオン**を放出
⑤**塩基**と中和して塩を作る	⑤**酸**と中和して塩を作る

◆酸性と塩基性（アルカリ性）

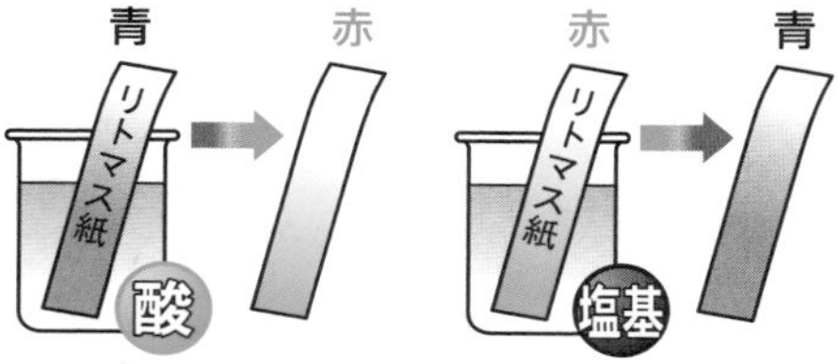

3 水素イオン指数

酸性や塩基性（アルカリ性）は水素イオンや水酸化イオンの数で決まるが、水素イオンだけを使ってこれらを表す数値を**水素イオン指数**（pH）という。

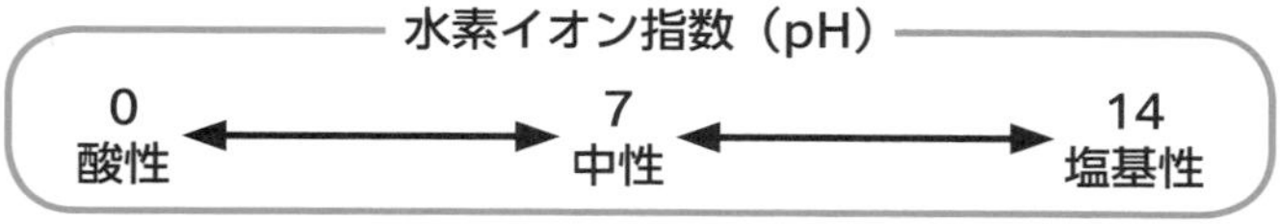

4 中　　和

酸と塩基から塩と水が生成されることを**中和**という。

（例）$HCl + NaOH \quad NaCl + H_2O$
（塩酸）（水酸化ナトリウム）（塩）（水）

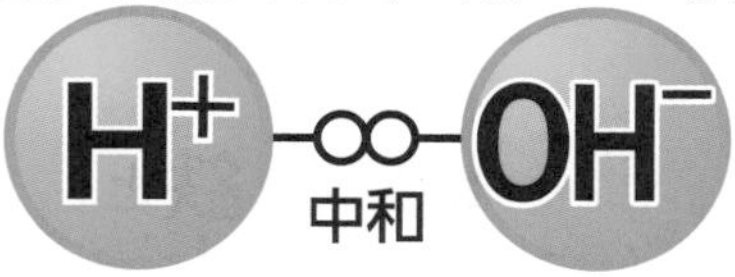

ここだけ覚えよう

- **酸**は水に溶けると**水素イオン**を生じ、青色リトマスを**赤色に変化**させる。
- **塩基（アルカリ）**は水に溶けると**水酸化物イオン**を生じ、赤色リトマスを**青色に変化**させる。
- 水素イオン指数は 0 ~ 14 までであり **7** が中性、それ未満が**酸性**、超えるのが**塩基性（アルカリ性）**である。例えば pH5、7.5、6.8 のうち最も中性に近い酸性はと問われたら、７未満の数字で７に一番近い数字（6.8）を選ぶ。
- **中和**とは、酸と塩基から塩と水が生成されること。

5日目

15 酸化と還元

学習すること

- 酸化と還元の狭義と広義の意味
- 酸化剤と還元剤について

1 酸化と還元

①酸化

物質が酸素と結合することを酸化という。広義では、水素化合物が水素を失うことも酸化という。

（例）炭素が燃えて二酸化炭素になる

$$C + O_2 \rightarrow CO_2$$

②還元

物質が酸素を失うことを還元という。広義では、物質が水素と結合することも還元という。

（例）二酸化炭素が一酸化炭素になる

$$2CO_2 + 2H_2 \rightarrow 2CO + 2H_2O$$

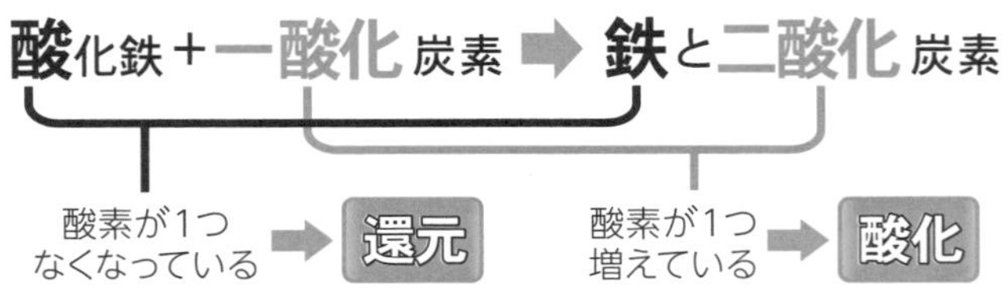

2 酸化剤と還元剤

①酸化剤

相手を酸化させたとき、**相手に酸素を与えるもの**を酸化剤という。酸化剤自体は還元される。広義では、相手の水素を奪うものを酸化剤という。

②還元剤

相手を還元させたとき、**相手の酸素を奪うもの**を還元剤という。還元剤自体は酸化される。広義では、相手に水素を与えるものを還元剤という。

3 金属と非金属

元素は金属元素と非金属元素に分かれる。金属の元素は一般に**陽《よう》イオン**になりやすく、非金属元素は**陰《いん》イオン**になりやすい。そして金属が陽イオンになろうとする性質を**イオン化傾向**という。このイオン化傾向が強いほど化学的な性質が強い。つまり化学反応を起こしやすいということである。

用語

陽イオンと陰イオン

陽イオンとは電子を放出して正の電荷を帯びた原子のこと。陰イオンとは電子を受け取って負の電荷を帯びた原子のこと。

◆イオン化列（イオン化傾向の大小を表したもの）

K Ca Na Mg Al Zn Fe Ni Sn Pb (H_2) Cu Hg Ag Pt Au

ここだけ覚えよう

- **酸化とは物質が酸素と結合すること、還元とは物質が酸素を失うこと。**
- **酸化剤とは相手を酸化させるもの、還元剤は相手を還元させるもの。**
- **酸化と還元は同時に起こっている。**

A酸＋B＝A＋B酸

→Aは酸素が減っている→還元された→このときAは酸化剤

Bは酸素が増えている→酸化された→このときBは還元剤

5日目 16 有機化学

学習すること

- 有機化合物の種類と性質

1 有機化合物とは

一般に構造の複雑な化合物の中に**炭素**が入っているものを**有機化合物**という。有機化合物は、その結合の仕方によりさまざまに分類されている。そしてこの有機化合物の性質を特徴づけている原子のかたまりを**官能基**《かんのうき》という。

◆有機化合物の分類

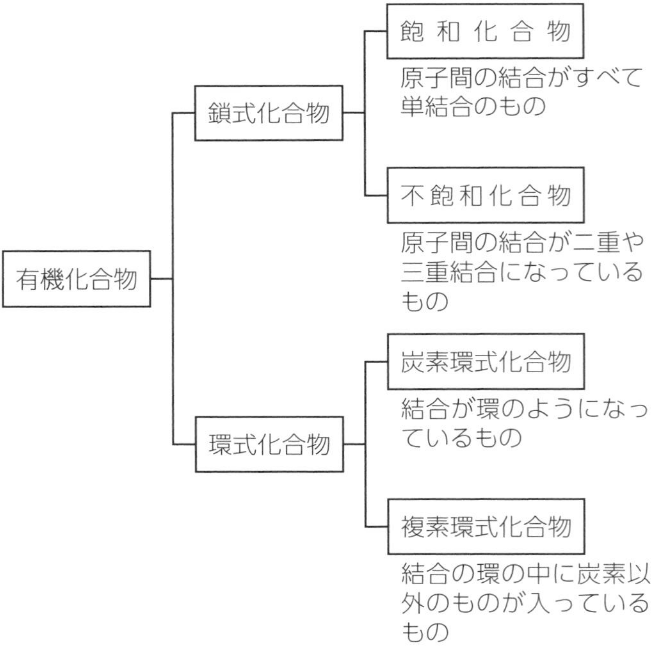

2 有機化合物の特性

危険物には有機化合物が多く含まれるため、その特性をよく理解する必要がある。

- 水に溶けにくいがアルコール類に溶けやすい。
- 空気中で燃えやすい。

表4　有機化合物と無機化合物

項目	有機化合物	無機化合物
成分元素	少ない〔主として炭素(C)を主体に水素(H)、酸素（O)、窒素（N)〕	多い（天然の全元素）
融点・沸点	比較的低いものが多い	多様である
溶解性	水に溶けにくい（アルコール、アセトン、エーテルなどの有機溶媒にはよく溶ける）	水に溶けるものが多い（有機溶媒には溶けない）
可燃性	空気中で燃えやすく分解しやすい（燃えるとH_2O、CO_2を生成する）	燃えないものが多い
通電性	多くは非電解質で、電気を通さない（静電気は発生しやすい）	電解質が多く、電気を通す
反応速度	一般に反応は遅い	一般に反応は速い

用語

成分元素
物質を構成している成分となる元素のこと。

ここだけ覚えよう

- **一般に構造の複雑な化合物の中に炭素が入っているものを有機化合物という。**
- **その性質を特徴づけている原子のかたまりを官能基という。**

5日目

17 燃焼

学習すること

- 燃焼の基礎理論
- 燃焼の三要素

1 燃焼とは

燃焼とはつまり燃えることだが、これは物質の酸化反応が急激に進むことにより発熱し発光を伴うことによって起こる現象である。

燃焼とは言い換えると、**熱と光の発生を伴う酸化反応**と定義することができる。

2 燃焼の原理

燃焼するためには、**燃えるもの**、つまり**可燃物**と、**酸素を供給**するもの、すなわち**酸素供給体**と、燃焼するきっかけとなる**熱源**が必要となる。

この3つを**燃焼の三要素**という。燃焼にはこの3つが必要であり、逆に言えば、**このうち1つでもなくなれば燃焼は起こらない**ということになる。

> チェック
>
> この三要素の1つを取り除いて消火するのが、次に学ぶ消火理論である。

3 可 燃 物

燃焼の三要素の中の可燃物は、酸化されやすい物質であり、この数は非常に多い。

例：木材、紙、多くの有機化合物、一酸化炭素など

危険物の中では第2類危険物、第3類危険物、第4類危険物、第5類危険物が該当する。

4 酸素供給体

燃焼の三要素の中の酸素供給体で代表的なものは酸素や空気であるが、可燃物の燃焼には最低限必要な**酸素濃度**があり、これは可燃物によって異なってくる。しかしおおよその物質は酸素濃度が**14〜15%**ぐらいである。空気は**約21%**の酸素が含まれているため、酸素供給体となりうる。

その他**第5類やセルロイド**のように可燃物自体が酸素を持っていて、供給がなくても燃焼するものもある。

チェック

酸素の性質についての問題が出されることもあるが
①酸素自身は燃えない（不燃物）
②燃焼をさせる、つまり**支燃性**《しねんせい》がある
という2点は最低限押さえておくこと。

5 熱源（点火源）

例えば、マッチの火や静電気火花など、いわゆる火がつくきっかけとなるものである。

6 燃焼の継続

燃焼の三要素に加え、燃焼が継続するためには可燃物と酸素が供給され続ける必要がある。これにより酸化反応が続く（燃焼が続く）。これを**燃焼の継続**という。

ここだけ覚えよう

- 燃焼とは**熱**と**光**の発生を伴う酸化反応である。
- 燃焼の三要素とは**可燃物**・**酸素供給体**・**熱源**である。
- 酸素供給体には酸素のほかに空気もよく出てくるが、「酸素供給体には、空気の他に第5類危険物などがあるため、**空気**がなければ燃焼は起こらない」と問題にあれば**誤り**となる。

5 日目

18 燃焼の仕方

学習すること

- 燃焼の種類・仕方
- 燃焼の危険度

1 表面燃焼

燃焼にはいくつかの種類がある。その1つが**表面燃焼**で、固体の表面から中へと向かって炎をあげずに燃焼することである。

可燃性固体がその表面で**熱分解**も起こさず、また蒸発もしないで高温を保ちながら酸素と反応して燃焼する。すなわち、**固体と酸素が直接酸化反応を起こして燃焼**する方法が表面燃焼である。具体的なものとしては木炭、コークスなどがある。

用語

熱分解
物質に熱を加えたときに起こる分解反応のこと。

◆**表面燃焼**

2 分解燃焼

可燃性固体が加熱によって分解を起こし、**それによって発生した可燃性ガスが燃えること**を**分解燃焼**という。具体的なものとしては木材、石炭、プラスチックなどがある。

分解燃焼のうち、その物質中に酸素を含有するもの（ニトロセルロース等）の燃焼を、**自己燃焼**、または**内部燃焼**という。

◆分解燃焼

キャンプファイヤーなど、
木を燃やすと炎が出る

3 蒸発燃焼

固体を熱したときに液体に変化せずそのまま気体になる昇華を起こす物質で、その蒸気が燃焼するものをいう。この蒸気が燃焼する燃焼を蒸発燃焼といい、固体では硫黄やナフタリンなどがある。

液体**の場合の燃焼はすべて**蒸発燃焼であり、引火性液体である危険物第４類**はすべて蒸発燃焼**となる。

◆蒸発燃焼

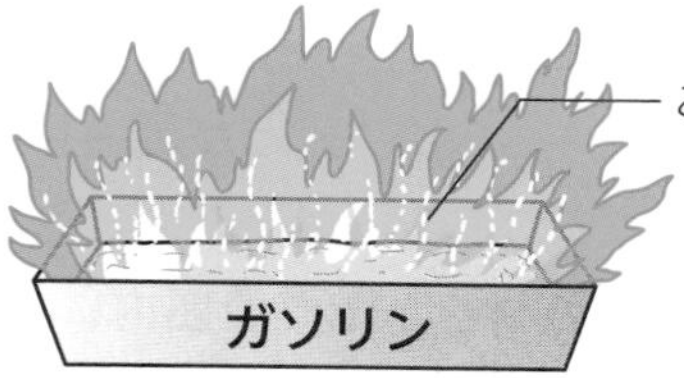

ここだけ覚えよう

液体の燃焼はすべて蒸発燃焼。つまり危険物第４類（引火性液体）はすべて蒸発燃焼ということ。蒸発燃焼と問われたら第４類の物質＋固体の硫黄とナフタリンを選択すればよい。

- **蒸発燃焼は、液面から発生する蒸気が空気とある一定の割合で混合されると燃焼する燃焼の仕方である。**

4 気体の燃焼

気体の燃焼には、管理された通常の燃焼である**定常燃焼**と、管理されていない燃焼である**非定常燃焼**がある。

①定常燃焼

ライターやバーナーなど、管理され、同じ形で燃焼している状態のことをいう。

◆定常燃焼

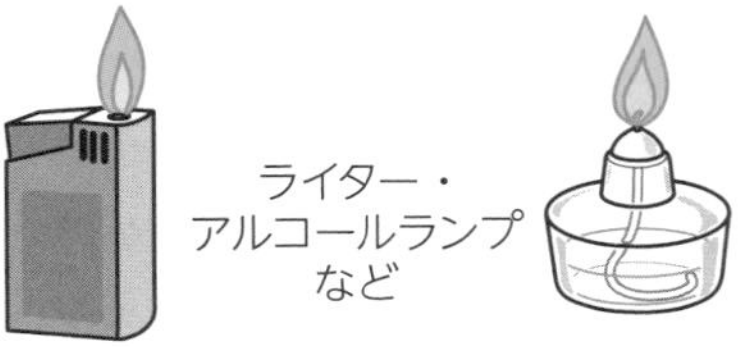

②非定常燃焼

可燃性の気体と空気との混合気体が密閉容器で燃焼したときに起こる燃焼。例えば、ガソリンエンジンの密閉空間で起こるような爆発的な状態を指す。

5 燃焼範囲（爆発範囲）

燃焼範囲とは、**可燃性蒸気と空気とが混合して燃焼が起こる割合**の範囲のことである。爆発範囲ともいう。

逆に言えば混合気体の割合が燃焼範囲内になければ、燃焼は起こらないということである。

燃焼範囲は混合気体に占める可燃性蒸気の量で表す。例えば**ガソリンの燃焼範囲**は **1.4 ～ 7.6vol%**である。

◆ガソリンの燃焼範囲

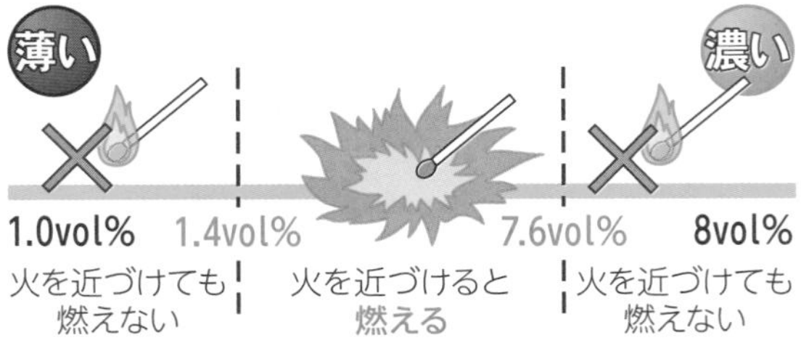

用語

ボリュームパーセント（vol%）

1つの成分の体積が全体の体積に占める割合を意味する。なお、vol は volume（体積）のことを表す。例えば、ガソリン1vol% であれば「100ℓ中に1ℓのガソリンが含まれる」ことになる。

6 第４類の危険性

これまで述べたように、第４類はすべて液体であり、すなわち、**蒸発燃焼**である。そして、第４類の危険性を測る大きな材料としては、今までの内容から、大きく下記の３つが挙げられる。

①引火点が低いほど危険
②燃焼範囲が広いほど危険
③発火点が低いほど危険

そのほかにも燃焼速度や、電気伝導度、比熱、沸点などさまざまな要因があるが、この３つが一番大きな判断材料となる。

特に燃焼範囲が広いほど、また、下限値が低いほど危険性が高くなる（火が付きやすいから）。

ここは重要なので下の表をもう一度見てみよう。上に行くほど危険度が高く、下に行くほど低い。つまり、**上段にあるものほど燃焼範囲が広く、下限値が低い**ということになる。

チェック

引火点、発火点については135ページを参照。

チェック

アルコールの燃焼範囲

アルコールは例外的に危険度は第１石油類より低いが、燃焼範囲は特殊引火物の次に広い。

表５　第４類の引火点と指定数量

品　名	試験でよくでる細別	指定数量	引火点
特殊引火物	（非水溶性）**ジエチルエーテル**、二硫化炭素	50ℓ	−20℃以下および沸点40℃以下
	（水溶性）酸化プロピレン、アセトアルデヒド	50ℓ	
第１石油類	（非水溶性）**ガソリン**、ベンゼン、トルエン	200ℓ	21℃未満
	（水溶性）アセトン、ピリジン	400ℓ	
アルコール類	（水溶性）**メタノール、エタノール**	400ℓ	規定なし
第２石油類	（非水溶性）**灯油**・**軽油**、キシレン	1,000ℓ	21℃以上70℃未満
	（水溶性）酢酸（氷酢酸）、プロピオン酸	2,000ℓ	
第３石油類	（非水溶性）**重油**、クレオソート油、ニトロベンゼン	2,000ℓ	70℃以上200℃未満
	（水溶性）グリセリン	4,000ℓ	
第４石油類	（非水溶性）ギヤー油、シリンダー油	6,000ℓ	200℃以上250℃未満
動植物油類	（非水溶性）アマニ油、ヤシ油	1万ℓ	250℃未満

ここだけ覚えよう

- **燃焼範囲とは燃焼が起こる可燃性蒸気と空気との混合割合の範囲のこと。**
- **「燃焼範囲が一番広いものはどれか」という問題が出た場合は、特殊引火物があれば、迷わずそれを選択しよう。**

7 自然発火

物質が常温の空気中で自然に発熱して、その熱が蓄積されることによって物質の**発火点**に達し、燃焼をし始めることを**自然発火**という。

表6　自然発火の要因

分解熱	物質が分解されるときに発する熱。セルロイドなどがある。
酸化熱	物質が酸化されるときに発する熱。乾性油、石炭などがある。
吸着熱	空気中の水分を吸収して化学変化が起こるときの熱。活性炭などがある。
微生物	微生物が分裂したりするときに熱を発する。たい肥やゴミなどがある。

8 粉じん爆発

可燃性物質が粉末状で空気中に浮遊している場合、点火源があると爆発する危険性があり、これを**粉じん爆発**という。

チェック

粉じん爆発

粉じん爆発にも燃焼範囲がある。空気中の粉じん濃度がこの範囲にならないと発生しない。

19 引火点と発火点

学習すること

- 引火点と発火点の意味
- 引火点と発火点の関係

1 引火点

火がつく最低の液温のこと。つまり前述の**燃焼範囲になるだけの可燃性蒸気が発生する最低の液温**のことである。液体が引火点に達したとき、**可燃性蒸気は燃焼範囲の下限値**に達しているということになる。

◆ガソリンの例

チェック

引火点・発火点は水で希釈しても変化しない。沸点が低いものは引火点も低いものが多い。

2 発火点

物質を加熱していくと、火花などのいわゆる点火源**がなくても物質自体が発火し、燃焼を開始する。この最低の温度**のことを**発火点**という。

◆発火点と引火点の関係

ここだけ覚えよう

- **引火点とは燃焼範囲に入るだけの可燃性蒸気を発生させる最低の液温のこと。**
- **危険物は引火点が低いほど、また燃焼範囲が広いほど危険度が高い。**

20 消火理論

学習すること

- 消火の種類と消火効果
- 消火設備の種類と第４類危険物との組合せ

1 消火の原理

消火するとは火を消すこと、つまり燃焼をさせなくすることであるということである。燃焼させなければよいのだから、前述したように（128ページ）、**燃焼の三要素のうち、１つでも取り除けば燃焼を止めることができる**。これを利用するのが**消火の原理**である。

①除去消火法

燃焼の三要素のうち、**可燃物を取り除く方法**。物が燃えているとき、そのままにしていても最終的に火が消えるのは、可燃物が燃え尽きてなくなるからである。江戸時代の火消しのように、延焼が及ぶ範囲の可燃物を破壊して取り除く方法もこれにあたる。

例：ガスの元栓を閉める。

　　ロウソクの炎を息で吹き消す。

②窒息《ちっそく》消《しょう》火《か》法《ほう》

燃焼の三要素のうち、**酸素供給体を断つ方法**で、泡消火剤、二酸化炭素、乾燥砂などがある。**第４類に適した消火法**である。

このうち、**泡消火剤は水溶性のものには使用できない**。泡の主成分は水なので、水溶性のものに使用すると泡がなくなり効果が得られないためであり、このような場合は**耐《たい》アルコール泡《あわ》消《しょう》火《か》剤《ざい》**（水溶性液体用泡消火剤）を使

チェック

火災の種類

普通火災（Ａ火災）…木材、紙、布など普通の可燃物の火災

油火災（Ｂ火災）…ガソリンなどの石油類や動植物油などの引火性物質の火災

電気火災（Ｃ火災）…変圧器、配電盤、その他電気設備の火災

金属火災（Ｄ火災）…マグネシウム、カルシウム、ナトリウムなどの火災

ガス火災…都市ガス、プロパンガスによる火災

用する。そのため、水が主成分である**泡消火剤は電気火災に使用できない**。消火剤自体に電気が流れ、火災が広がるからである。

③冷却消火法

燃焼の三要素のうちの**熱源を断つ方法**であり、水による消火、泡消火剤、強化液消火剤などがある。

第４類はいわゆる油なので、水を加えると火の付いている油が水に浮き、延焼が広がってしまうので余計に危険。したがって、**第４類には使用不可**。冷却消火のキーワードは「**棒状**《ぼうじょう》」・「**注水**《ちゅうすい》」。つまり、ノズルの先から水を棒状に注水することである。ただし、**霧状**《きりじょう》に注水した強化液であれば使用できる。

④負触媒消火法《ふしょくばいしょうかほう》（抑制消火法）

燃焼の継続を断つ方法。**第４類に適した消火法**であり、ハロゲン化物消火剤などがある。可燃物と酸素の結びつきを抑えて消火する。燃焼は酸化反応だが、酸素があっても酸化反応が起こらなければ燃焼が起こらない。

ちなみに、**通気の悪いところ**では二酸化炭素消火剤や

用語

ハロゲン化物消火剤
消火薬剤にハロンを使用するものをハロゲン化物消火剤という。

ここだけ覚えよう

- **燃焼の要素のうち可燃物を取り除く方法を除去消火法、酸素供給体を取り除く方法を窒息消火法、熱源を断つ方法を冷却消火法という。**
- **第４類には窒息消火法ならびに負触媒消火法が適している。**
- **第４類には水をかけてはいけない。**
  →キーワードは「棒状」・「注水」。この言葉があれば第４類での使用は×。ただし、霧状にした強化液であれば使用できる。
- **水溶性のものに泡消火剤は使用不可。**
  →耐アルコール泡消火剤（水溶性液体用泡消火剤）を使用する。
- **電気火災に泡消火剤は使用不可。**

ハロゲン化物消火剤は使用不可。中にいる人が窒息してしまうから（誰もいなければ使用できる）。

2 消火設備と第 4 類危険物

66 ページで消火設備について解説したが、それぞれに第 4 類危険物との適否があるため、注意しよう。

また、消火器と火災の種類にも適否があるのであわせて見てみよう。

表 7　消火設備の適否

消火設備の区分			第４類の危険物
第１種	屋内消火栓設備または屋外消火栓設備		
第２種	スプリンクラー設備		
第３種	水蒸気消火設備または水噴霧消火設備		●
	泡消火設備		●
	不活性ガス消火設備		●
	ハロゲン化物消火設備		●
	粉末消火設備	りん酸塩類等を使用するもの	●
		炭酸水素塩類等を使用するもの	●
		その他のもの	
第４種または第５種	棒状の水を放射する消火器		
	霧状の水を放射する放射器		
	棒状の強化液を放射する消火器		
	霧状の強化液を放射する消火器		●
	泡を放射する消火器		●
	二酸化炭素を放射する消火器		●
	ハロゲン化物を放射する消火器		●
	消火粉末を放射する消火器	りん酸塩類等を使用するもの	●
		炭酸水素塩類等を使用するもの	●
		その他のもの	

消火設備の区分		第４類の危険物
第５種	水バケツまたは水槽	
	乾燥砂	●
	膨脹ひる石または膨脹真珠岩	●

備考
1　●印は、第４類の危険物に、当該各項に掲げる第１種から第５種までの消火設備がそれぞれ適応するものであることを示す。
2　消火器は、第４種の消火設備については大型のものをいい、第５種の消火設備については小型のものをいう。
3　りん酸塩類等とは、りん酸塩類、硫酸塩類その他防炎性を有する薬剤をいう。
4　炭酸水素塩類等とは、炭酸水素塩類および炭酸水素塩類と尿素との反応生成物をいう。

表８　消火器の区分と主な消火効果

消火器の区分	消火器の種類	消火器の主成分	圧力方式	適応火災※	主な消火効果
水を放射する消火器	水消火器	水	蓄圧式 手動ポンプ式 ガス加圧式	A、（C）	冷却作用
	酸・アルカリ消火器	炭酸水素ナトリウム 硫酸	反応式	A、（C）	冷却作用
強化液を放射する消火器	強化液消火器	炭酸カリウム	蓄圧式 加圧式 ガス加圧式	A、（B、C）	冷却作用 （抑制作用）
泡を放射する消火器	化学泡消火器	炭酸水素ナトリウム 硫酸アルミニウム	反応式	A、B	窒息作用 冷却作用
	機械泡消火器	合成界面活性剤泡または水成膜泡	蓄圧式 ガス加圧式	A、B	窒息作用 冷却作用
ハロゲン化物を放射する消火器	ハロン 1211 消火器	ブロモクロロジフルオロメタン	蓄圧式	B、C	窒息作用 抑制作用
	ハロン 1301 消火器	ブロモトリフルオロメタン			
	ハロン 2402 消火器	ジブロモテトラフルオロエタン			

<table>
<tr><th colspan="2">消火器の区分</th><th>消火器の種類</th><th>消火器の主成分</th><th>圧力方式</th><th>適応火災※</th><th>主な消火効果</th></tr>
<tr><td colspan="2">二酸化炭素を放射する消火器</td><td>二酸化炭素消火器</td><td>二酸化炭素</td><td>蓄圧式</td><td>B、C</td><td>窒息作用
冷却作用</td></tr>
<tr><td rowspan="3">消火粉末を放射する消火器</td><td>りん酸塩類等を使用するもの</td><td>粉末（ABC）消火器</td><td>りん酸アンモニウム</td><td>蓄圧式
ガス加圧式</td><td>A、B、C</td><td>窒息作用
抑制作用</td></tr>
<tr><td>炭酸水素塩類等を使用するもの</td><td>粉末（K）（Ku）消火器</td><td>炭酸水素カリウムまたは炭酸水素カリウムと尿素の反応生成物</td><td rowspan="2">蓄圧式
ガス加圧式</td><td rowspan="2">B、C</td><td rowspan="2">窒息作用
抑制作用</td></tr>
<tr><td>その他</td><td>粉末（Na）消火器</td><td>炭酸水素ナトリウム</td></tr>
</table>

※ A：普通火災　B：油火災　C：電気火災　（　）内は、霧状に放射する場合

21 燃焼の難易

学習すること

●燃焼の難易の条件

燃焼の難易とは、燃えやすいかどうかということ。燃焼しやすい条件としては以下が挙げられる。なお、これらの逆が「燃焼しにくい条件」となる。また、燃焼の難易に**体膨張率**は関係がない。

チェック
体膨張率については105ページを参照。

①空気との接触面積が大きい。

②酸化されやすい。

燃焼には酸素が必要なので、その酸素とたくさん触れていたり、結びつきやすかったりすれば当然燃焼しやすくなる。空気との接触面積を増やす例として「布に油をしみこませる」というのがある。

③発熱量が大きい。

④熱伝導率が小さい。

熱伝導率が小さい＝熱を伝えにくい、つまり熱がこもりやすいため、温度が上昇する。

⑤乾燥している。

湿っている場所では当然火も付きにくい。一般常識としてわかる。

⑥周囲の温度が高い。

これも一般常識としてわかる。

ここだけ覚えよう

- **上記の燃焼しやすい条件と逆の燃焼しにくい条件も覚えよう。**
- **酸素との接触面積が広がる方法として、霧状にしたり、布にしみ込ませたりするなどの方法がある。**
- **燃焼の難易（燃えやすいかどうか）に体膨張率は関係ない。**

暗記ポイント　5日目

1…「○○素」は**単体**が多く、「～化○○」は**化合物**が多い。

2…ガソリンや軽油など、ガソリンスタンドに売っているものは**混合物**が多い。

3…同じ原子でできている単体だが性質が異なるものを**同素体**といい、分子式で表すと同じであっても性質の違うものを**異性体**という。

4…**酸**は水に溶けると**水素イオン**を生じ、青色リトマス紙を**赤色に変化**させる。

5…**塩基（アルカリ）**は水に溶けると**水酸化イオン**を生じ、赤色リトマス紙を**青色に変化**させる。

6…水素イオン指数は0～14まであり**7**が中性、それ以下が**酸性**、以上が**塩基性（アルカリ性）**である。

7…**中和**とは、酸と塩基から塩と水が生成されること。

8…**酸化**は物質が**酸素**と結合すること、**還元**は物質が**酸素**を失うこと。

9…**酸化剤**は相手を酸化させるもの、**還元剤**は相手を還元させるもの。

10…酸化と還元は**同時に起こっている**　A酸＋B＝A＋B酸
→Aは酸素が減っている→**還元**された→Aは**酸化剤**
　Bは酸素が増えている→**酸化**された→Bは**還元剤**

11…燃焼の三要素とは**可燃物**・**酸素供給体**・**熱源**である。

12…「**空気**がなければ燃焼は起こらない」と問題にあれば誤りとなる。

13…液体の燃焼はすべて**蒸発燃焼**なので、**蒸発燃焼**と問われたら**第４類**の物質＋固体の**硫黄**と**ナフタリン**を選択すればよい。

14…「燃焼範囲が一番広いものはどれか」という問題が出た場合は、**特殊引火物**があれば、迷わずそれを選択する。

15…**引火点**とは燃焼範囲に入るだけの可燃性蒸気を発生させる最低の液温のこと。

16…危険物は**引火点**が低く**燃焼範囲**が広いほど危険度が高い。

17…燃焼の要素のうち**可燃物**を取り除く方法は**除去**消火法、**酸素供給体**を取り除く方法は**窒息**消火法、**熱源**を断つ方法は**冷却**消火法だ。

18…第４類には**窒息消火法**ならびに**負触媒消火法**が適している。

19…第４類には**水**をかけてはいけない。
→キーワードは「**棒状**」・「**注水**」であり、この言葉があれば第４類での使用は×だが、**霧状**にした強化液であれば使用できる。

20…燃焼の難易（燃えやすいかどうか）に**体膨張率**は関係ない。

ちょっとひといき
コーヒーブレイク

危険物取扱者のお仕事 その4　自動車整備工場

自動車整備工場は、自動車分解整備事業にかかる工場のうち設備・技術および管理組織等一定の基準を満たしている工場のことで、運輸局長が指定した工場をいいます。この指定整備工場での車検整備を行った自動車は、その工場が発行する保安基準適合証書を持って、国の検査場への現車提示が省略できることとなっています。

参考：資格保持者は手当が 3,000 ～ 15,000 円 / 月程度アップ

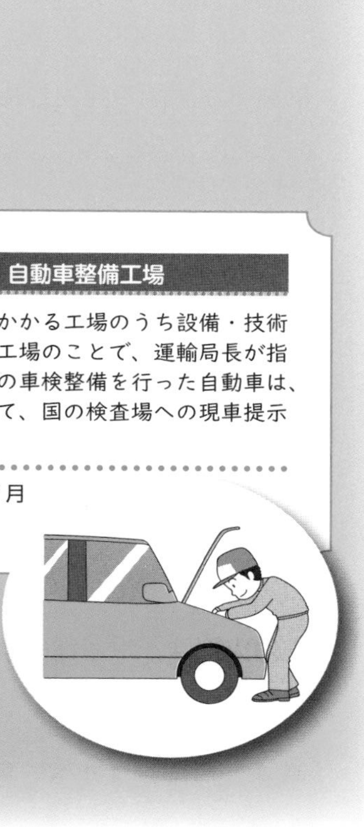

1 昇華とは、固体が直接気体になる現象、またはその逆の現象をいう。

2 風解とは、固体の物質が空気中の水分を吸収して溶ける現象をいう。

3 沸点は加圧すると上昇し、減圧すると下降する。

4 可燃性液体に静電気が蓄積すると、発熱するため可燃性蒸気の発生が促進される。

5 静電気が原因で発生した火災に対しては、電気火災に準じた消火方法をとる。

6 混合物とは、2 種以上の単体や化合物が混ざってできているものをいう。

7 塩酸の水溶液の pH 値は 7 より小さく、赤色リトマス紙を青色に変化させる。

8 酸化と還元は同時に発生しない。

9 泡消火剤は、水溶性の危険物には不適応である。

10 第 4 類危険物はすべて蒸発燃焼である。

解答・解説

1 記述のとおり。昇華とは、固体が直接気体になる現象、またはその逆の現象をいう。 ○

2 風解とは、空気中に放置することにより結晶水を含んだ物質がその結晶水の一部または全部を失う現象をいう。問題文は潮解の内容である。 ×

3 記述のとおり。沸点は加圧すると上昇し、減圧すると下降する。 ○

4 静電気によって発熱は起こらない。 ×

5 静電気によるものだからといって電気火災というわけではない。燃えている危険物に応じた消火方法をとる。 ×

6 記述のとおり。混合物とは、2 種以上の単体や化合物が混ざってできているものをいう。 ○

7 塩酸は青色リトマス紙を赤色に変化させる。 ×

8 酸化と還元は同時に発生する。 ×

9 記述のとおり。泡消火剤は、水溶性の危険物には不適応である。 ○

10 記述のとおり。第 4 類危険物はすべて蒸発燃焼である。 ○

PartⅢ

危険物の性質

本試験での出題数10問

危険物には第1類から第6類まであり、危険物を安全に取り扱うには、それらの性質を理解することが重要だ。火災予防と消火方法は特に大切！

6日目

1 危険物各類の概論（第4類を除く）

学習すること

- 第４類以外の危険物の性質と特性
- 第４類以外の危険物の火災予防
- 第４類以外の危険物の消火方法

チェック

危険物には物質の種類として、単体、化合物、混合物の３種類がある。

1 第１～６類の性質と特性

危険物は性質、危険性の違いによって第１類から第６類までに分けられており、消火方法も異なる。下記に一覧としてまとめてみた。

表１　各類ごとの性質ほか

類別	性質・性状	性質概要	特徴	主な消火方法
第１類	酸化性固体	不燃性の固体	**加熱・衝撃・摩擦**で酸素を放出	冷却消火 禁水性のものは窒息消火
第２類	可燃性固体	可燃性の固体	比較的低温で着火 粉じん爆発を起こす	窒息消火 冷却消火
第３類	自然発火性物質および禁水性物質	可燃性で固体と液体の両方	**禁水**および**火気厳禁**	窒息消火
第４類※	引火性液体	可燃性の液体	水より**軽く** 空気より**重い**	窒息消火
第５類	自己反応性物質	可燃性で固体と液体の両方	**加熱**・**衝撃**・**爆発**で発火	冷却消火
第６類	酸化性液体	不燃性の液体	**酸化力**が強い	

※第４類については 157 ページからを参照。

2 第１類（酸化性固体）

①共通する特性と火災予防

特性１ 一般に**不燃物**（**不燃性**の固体）だが酸素を含み、その酸素で他の物質を酸化させるので燃焼が激しくなる。

火災予防→可燃物や有機物その他酸化されやすい物質、強酸剤との接触を避ける。

特性２ **加熱**、**衝撃**、**摩擦**により分解して酸素を放出する。

火災予防→加熱、衝撃、摩擦を避け、密封して冷所に貯蔵。

特性３ アルカリ金属の過酸化物は水につけると発熱する。

火災予防→**水**との接触を避ける。

②消火方法

- 大量の水による冷却消火を行い、分解を抑制することで酸化を抑える。
- 禁水性のアルカリ金属の過酸化物は粉末消火剤等の窒息消火を行う。

◆第１類（酸化性固体）

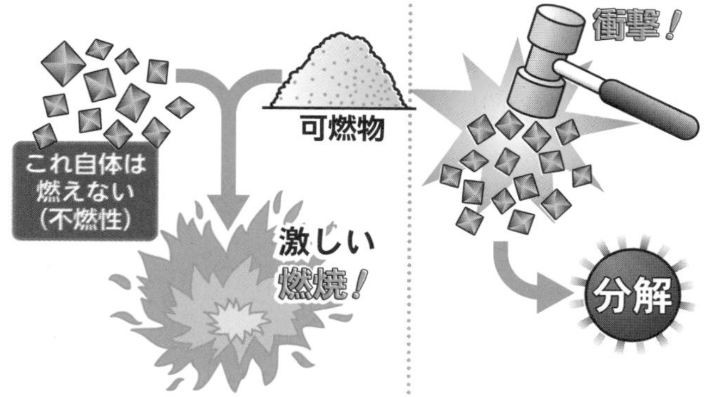

チェック

第１類の例
塩素酸ナトリウム、三酸化クロム（無水クロム酸）など。詳しくは153、154ページを参照。

用語

不燃物
それ自体は燃えないもの。しかし燃焼の要素の１つである酸素を放出するので、危険物として指定されている。

チェック

各種消火方法については136ページ～を参照。

3 第２類（可燃性固体）

チェック

第２類の例

赤りん、硫黄、鉄粉など。詳しくは154ページを参照。

①共通する特性と火災予防

特性１　可燃性の固体であり一般に比重は１より大きく、非水溶性。比較的低温でも着火、燃焼が速い。

火災予防→炎、火花、高温体との接触を避ける。

特性２　酸化されやすく、酸化剤との接触や打撃により爆発する危険性がある。

火災予防→酸化剤との接触や混合を避ける。

特性３　粉状のものは**粉じん爆発**を起こしやすい。

火災予防→粉じんの堆積を防止する。

特性４　燃焼の際に有毒ガスを発生するものがある。

◆第２類（可燃性固体）

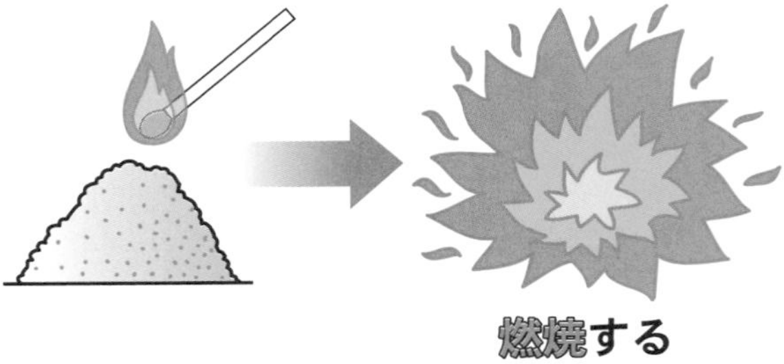

②消火方法

- 基本的には窒息消火が有効。
- 金属粉は水との接触で発熱するものがあるので、それら以外は冷却消火も可。

4 第３類（自然発火性物質および禁水性物質）

①共通する特性と火災予防

特性１　可燃性の固体または液体であり、ほとんどは自然発火性と禁水性を持つ。

火災予防→水との接触を避け、火気や高温体との接触や過熱も避ける。冷所に貯蔵する。

特性２ 吸湿性があり、空気中の水分と反応して発火。

火災予防→容器は密閉し、保護液で保存している場合は、保護液から出ないように注意する。

②消火方法

- 基本的には窒息消火を行う。

> チェック
> **第３類の例**
> カリウム、ナトリウム、黄りんなど。詳しくは155ページを参照。

5 第５類（自己反応性物質）

①共通する特性と火災予防

特性１ 可燃性の固体または液体であり、燃焼しやすく、燃焼速度も速い。

火災予防→火気、加熱を避け通風のよい冷所に保存する。

特性２ 比重は１より大きく、加熱や衝撃、摩擦で発火、爆発するものが多い。

火災予防→衝撃、摩擦を避ける。

特性３ 長い時間放置しておくと、分解して自然発火するものが多い。

火災予防→分解しやすいものは室温、湿気、通風に注意する。

②消火方法

- 大量の水での冷却消火を行うが、燃焼速度が極めて速いので消火は困難である。

> チェック
> **第５類の例**
> 硝酸メチル、ニトログリセリンなど。詳しくは156ページを参照。

６ 第６類（酸化性液体）

チェック

第６類の例

過塩素酸、硝酸など。詳しくは156ページを参照。

①共通する特性と火災予防

特性１ **不燃性**の液体で**酸化力**が強く、他の可燃物の燃焼を促進させる。また有機物や可燃物に接触すると発火や有毒ガスを発生させる。

火災予防→
- 可燃物・有機物との接触を避け通風をよくする。火気、直射日光を避ける。
- 貯蔵する容器は耐酸化性のものを使用して密閉する。

特性２ 一部の物質は水と激しく反応し発熱する。

火災予防→水との接触を避ける。

◆第６類（酸化性液体）

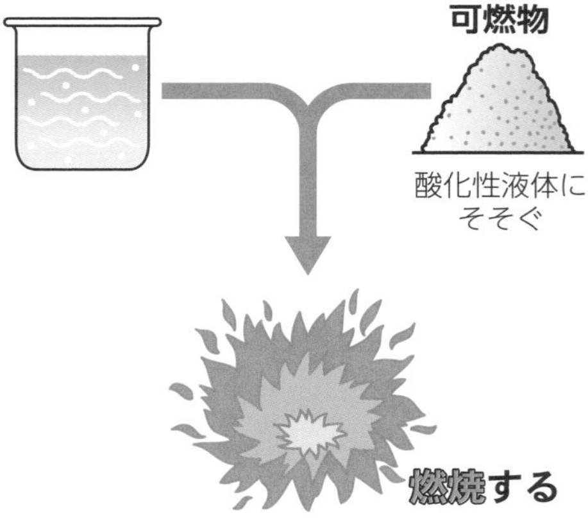

②消火方法

- 特有のものはなく燃焼物に対応した消火方法を行う。

ここだけ覚えよう

試験に必要な知識である、第１類から第６類まで（第４類を除く）の共通する性質を最小限にまとめた。一部例外もあるが、この内容をマスターしておけば、十分試験に対応が可能だ。なお、第４類は次の項目で詳しく解説する。

表2　主な危険物一覧表（第4類を除く）

類別	性質	品名	品名に該当する物品
第1類	酸化性固体	1.　塩素酸塩類	塩素酸ナトリウム 塩素酸カリウム 塩素酸アンモニウム 塩素酸バリウム 塩素酸カルシウム
		2.　過塩素酸塩類	過塩素酸ナトリウム 過塩素酸カリウム 過塩素酸アンモニウム
		3.　無機過酸化物	過酸化リチウム 過酸化ナトリウム 過酸化カリウム 過酸化ルビジウム 過酸化セシウム 過酸化マグネシウム 過酸化カルシウム 過酸化ストロンチウム 過酸化バリウム
		4.　亜塩素酸塩類	亜塩素酸ナトリウム 亜塩素酸カリウム 亜塩素酸銅 亜塩素酸鉛
		5.　臭素酸塩類	臭素酸ナトリウム 臭素酸カリウム 臭素酸マグネシウム 臭素酸バリウム
		6.　硝酸塩類	硝酸ナトリウム 硝酸カリウム 硝酸アンモニウム 硝酸バリウム 硝酸銀
		7.　よう素酸塩類	よう素酸ナトリウム よう素酸カリウム よう素酸カルシウム よう素酸亜鉛
		8.　過マンガン酸塩類	過マンガン酸カリウム 過マンガン酸ナトリウム 過マンガン酸アンモニウム
		9.　重クロム酸塩類	重クロム酸アンモニウム 重クロム酸カリウム

類別	性質	品名	品名に該当する物品
第1類	酸化性固体	10. その他のもので政令で定めるもの（過よう素酸塩類、過よう素酸、クロム、鉛またはよう素の酸化物、亜硝酸塩類、次亜塩素酸塩類、塩素化イソシアヌル酸、ペルオキソ二硫酸塩類、ペルオキソほう酸塩類、炭酸ナトリウム過酸化水素付加物）	過よう素酸ナトリウム メタ過よう素酸 三酸化クロム（無水クロム酸） 五酸化二よう素 亜硝酸ナトリウム 亜硝酸カリウム 次亜塩素酸カルシウム三水塩 三塩素化イソシアヌル酸 ペルオキソ二硫酸カリウム ペルオキソほう酸アンモニウム 炭酸ナトリウム過酸化水素付加物
		11. 前各号に掲げるものいずれかを含有するもの	

類別	性質	品名	品名に該当する物品
第2類	可燃性固体	1. 硫化りん	三硫化りん 五硫化りん 七硫化りん
		2. 赤りん	
		3. 硫黄	
		4. 鉄粉	
		5. 金属粉	アルミニウム粉 亜鉛粉
		6. マグネシウム	
		7. その他のもので政令で定めるもの（現在定められていない）	
		8. 前各号に掲げるもののいずれかを含有するもの	
		9. 引火性固体	固形アルコール ゴムのり ラッカーパテ

類別	性質	品名	品名に該当する物品
第3類	自然発火性物質および禁水性物質	1. カリウム	
		2. ナトリウム	
		3. アルキルアルミニウム	
		4. アルキルリチウム	ノルマルブチルリチウム
		5. 黄りん	
		6. アルカリ金属（カリウムおよびナトリウムを除く）およびアルカリ土類金属	リチウム カルシウム バリウム
		7. 有機金属化合物（アルキルアルミニウムおよびアルキルリチウムを除く）	ジエチル亜鉛
		8. 金属の水素化物	水素化ナトリウム 水素化リチウム
		9. 金属のりん化物	りん化カルシウム
		10. カルシウムまたはアルミニウムの炭化物	炭化カルシウム 炭化アルミニウム
		11. その他のもので政令で定めるもの（塩素化けい素化合物）	トリクロロシラン
		12. 前各号に掲げるもののいずれかを含有するもの	

類別	性質	品名	品名に該当する物品
第5類	自己反応性物質	1. 有機過酸化物	過酸化ベンゾイル メチルエチルケトンパーオキサイド 過酢酸
		2. 硝酸エステル類	硝酸メチル 硝酸エチル ニトログリセリン ニトロセルロース
		3. ニトロ化合物	ピクリン酸 トリニトロトルエン
		4. ニトロソ化合物	ジニトロソペンタメチレンテトラミン
		5. アゾ化合物	アゾビスイソブチロニトリル
		6. ジアゾ化合物	ジアゾジニトロフェノール
		7. ヒドラジンの誘導体	硫酸ヒドラジン
		8. ヒドロキシルアミン	ヒドロキシルアミン
		9. ヒドロキシルアミン塩類	硫酸ヒドロキシルアミン 塩酸ヒドロキシルアミン
		10. その他のもので政令で定めるもの（金属のアジ化物、硝酸グアニジン、1-アリルオキシ-2・3-エポキシプロパン、4-メチリデンオキセタン-2-オン）	アジ化ナトリウム 硝酸グアニジン 1-アリルオキシ-2・3-エポキシプロパン 4-メチリデンオキセタン-2-オン
		11. 前各号に掲げるもののいずれかを含有するもの	

類別	性質	品名	品名に該当する物品
第6類	酸化性液体	1. 過塩素酸	
		2. 過酸化水素	
		3. 硝酸	硝酸 発煙硝酸
		4. その他のもので政令で定めるもの（ハロゲン間化合物）	ふっ化塩素 三ふっ化臭素 五ふっ化臭素 五ふっ化よう素
		5. 各号に掲げるもののいずれかを含有するもの	

2 第4類危険物共通の特性と性質

学習すること

- 第4類危険物の特性と性質
- 第4類危険物の例外

第4類危険物の特性と性質については、下記のとおりだ。しかし、第4類すべてに当てはまらないものもあるため、例外にあたる危険物についても覚えておこう。

〈第4類危険物の特性と性質〉

①燃える（可燃性）。

②有機物（炭素を含む）である。

③（引火性の）液体である。

④においがある。

⑤発火点はほとんどのものが **100℃以上**である。

　⇒**例外**：**二《に》硫《りゅう》化《か》炭《たん》素《そ》**は 90℃

⑥蒸気比重はすべて1より**大きい**（空気より**重い**）。

⑦液比重は1より**小さい**ものが多い（水より**軽い**）。

　⇒**例外**：二硫化炭素（非水溶性）

　　　　　酢酸（水溶性）

　　　　　グリセリン（水溶性）

　　　　　ニトロベンゼン（非水溶性）

⑧電気の**不良導体**が多い（静電気が発生しやすい）。

　⇒**例外**：アルコール類→電気の良導体

⑨**非水溶性**のものが多い。

　⇒**例外**：**アルコール類、「ア」のつく物質**

6日目

3 第4類危険物の火災予防・消火方法

学習すること

- 第４類危険物を扱う場合の火災予防
- 第４類危険物で火災が起きたときの消火方法

1 火災予防

①第４類危険物は引火性の液体で発火点の低いものがあり、蒸気を発生しやすいので、**風通し**を良くし、**換気**を行う。

・点火源や高温体との接触、加熱を避ける。

・みだりに**蒸気**を発生させない。

②第４類の危険物の蒸気はすべて空気より**重く**、低所に滞留する。そのため、換気は「**低所**」で行い、排出は「**高所**」で行う。

・容器は**密閉**して冷暗所に貯蔵する。

・容器内に**空間容積**をとる。

蒸気は図のように下に溜まるので、上から排出して、空気に乗せて拡散させる（地表に着くときは濃度が薄くなっている）。

◆**蒸気の通り道**

2 消火方法

第４類危険物の基本的な消火方法は**窒息消火法**や**負触媒消火法**である（136、137ページ参照）。窒息消火法とは、燃焼の三要素のうちの**酸素供給体**を断つ方法である。また、負触媒消火法は別名を抑制消火法ともいい、**燃焼の継続**を断つ方法である。

しかし、**熱源**を断つ**冷却消火法**は適さない。水を加えると、危険物が水に浮いて火面を広げることになるので延焼が広がってしまい、余計に危険だからである。したがって、油火災などに「**棒状**」・「**注水**」は不適当だが、**霧状**にした強化液なら使用できる。

また、泡消火剤はアルコールなど水溶性のものには使用できない。泡の主成分は水なので、水溶性のものに使用すると泡がなくなり効果が得られないからである。このような場合、**耐アルコール泡消火剤**（水溶性液体用泡消火剤）を使用する。

なお、泡消火剤は**電気火災**にも使用できない。泡は水が主成分のため、消火剤自体に電気が流れて火災が広がるからである。

チェック

燃焼の三要素については128ページを参照。

表3　第４類危険物の消火の種類

消火の種類	取り除く要素	第４類への適否
除去消火法	可燃物	否
窒息消火法	酸素供給体	適している
冷却消火法	熱源	否
負触媒消火法	燃焼の継続	適している

ここだけ覚えよう

- 換気は「**低所**」、排出は「**高所**」。
- 基本的な消火方法は**窒息消火法**や**負触媒消火法**。
- 冷却消火法は適さない（キーワードは「**棒状**」・「**注水**」）。
- 油火災について、強化液は**霧状**なら○だが、**棒状**なら×となる。
- アルコールなどの水溶性のものは**耐アルコール用**の**泡消火剤**を使用する。水溶性の物品に通常の泡消火剤は使用不可。
- 電気火災に**泡消火剤**は用いない。

暗記ポイント　6日目

第４類危険物に関して

1…発火点はほとんどのものが **100℃以上**である。
例外：**二硫化炭素**は 90℃

2…蒸気比重はすべて１より**大きい**。

3…液比重は１より**小さい**ものが多い。
例外：二硫化炭素・酢酸・グリセリン・
ニトロベンゼンなど

4…電気の**不良導体**が多い。
例外：アルコール類

5…**非水溶性**のものが多い。
例外：**アルコール類**、「**ア**」のつく物質

6…換気は「**低所**」、排出は「**高所**」。

7…基本的な消火方法は**窒息消火法**や**負触媒消火法**。

8…冷却消火法は適さない（キーワードは「**棒状**」・「**注水**」）。

9…油火災について、強化液は**霧状**なら○だが、**棒状**なら×となる。

10…アルコールなどの水溶性のものは**耐アルコール用**の**泡消火剤**を使用する。水溶性の物品に通常の泡消火剤は使用不可。

11…電気火災に**泡消火剤**は用いない。

ちょっとひといき コーヒーブレイク

危険物取扱者のお仕事 その5　設備管理

設備管理の仕事としては、大きく分けて「設備管理」と「設備保守・点検」があります。

まず、設備管理とは、その名のとおり「設備」を「管理」することです。「設備」というのは、建物であったりエレベータであったり工場の生産ラインであったりと様々です。「管理」というのは、その設備が予定どおり運行・運営されているか調査し調整することを言います。そのため、「設備管理」をするためには、設備の能力を理解し、設備の動かし方を知らなくてはなりません。

参考：資格保持者は手当が 3,000 ～ 20,000 円 / 月程度アップ

4 第4類危険物の品名ごとの性質

学習すること

- 第４類危険物の種類と性質
- 第４類危険物の火災予防と消火方法

1 第４類危険物の種類

これまで学習したように、危険物には第１類から第６類までであるが、種類は第４類が一番多く、また重要なので、しっかりと覚えよう。

チェック

第４類危険物の共通の特性については157ページを参照。

表１　第４類危険物の主な種類とまとめ

特殊引火物	ジエチルエーテル（麻酔性）
	二硫化炭素（毒性）
	１気圧において発火点が100℃以下のもの
	１気圧において引火点が－20℃以下で沸点が40℃以下のもの
第１石油類	アセトン
	ガソリン
	１気圧において引火点が21℃未満のもの
アルコール類	１分子を構成する炭素の原子の数が１個～３個までの飽和１価アルコール（変性アルコールを含む）
第２石油類	灯油
	軽油
	１気圧において引火点が21℃以上70℃未満のもの
第３石油類	重油
	クレオソート油
	１気圧において引火点が70℃以上200℃未満のもの
第４石油類	ギヤー油
	シリンダー油
	１気圧において引火点が200℃以上250℃未満のもの
動植物油類	動物の脂肉、植物の種子・果肉から抽出したもので１気圧において引火点が250℃未満のもの

2 特殊引火物

特殊引火物とは、**ジエチルエーテル**、**二硫化炭素**のほか、１気圧において**引火点が−20℃以下で沸点が 40℃以下であるか、発火点が 100℃以下**であるものをいう。第４類の中でも一番危険な物質の集まりである。

①ジエチルエーテル（エーテル）

- 引火点：**−45℃**（第４類でもっとも低い）
- 発火点：**160℃**
- 蒸気は**麻酔性**がある。
- 水に少しだけ溶ける（ほとんど溶けない＝**非水溶性**）。

表２　ジエチルエーテル

特　　性	・無色透明な液体で甘い刺激臭がある ・蒸気は**麻酔性**
性　　質	・引火点**−45℃** ・沸点 34.6℃ ・発火点 **160℃** ・比重 0.7 ・蒸気比重 2.6 ・水にわずかに溶け（**非水溶性**）、アルコールにはよく溶ける
危 険 性	・引火しやすい **・日光や空気に長時間さらすと過酸化物を生じ、加熱、衝撃で爆発の危険がある** ・静電気を発しやすい
火災予防	・火気を近づけない ・通風をよくする ・直射日光を避け冷暗所に保存 ・容器は密閉する
消火方法	消火剤→二酸化炭素、粉末、耐アルコール泡、ハロゲン化物 消火効果→窒息効果

チェック

燃焼範囲の数値については、ガソリン（167ページ）だけ押さえておけば十分。よって、他の物品ではあえて省略した。

②二硫化炭素

- 水より重く、水にまったく溶けないため**水中保存**できる。
- 引火点：**−30℃**
- 発火点：**90℃**（第４類でもっとも低い）
- **毒性**が強い（殺虫剤に使われたりもする）。

表３　二硫化炭素

特　性	・無色透明な液体で特有の臭気 ・蒸気に**毒性**
性　質	・引火点−**30℃**以下 ・沸点 46℃ ・発火点 **90℃**（第４類でもっとも低い） ・比重 1.3 ・蒸気比重 2.6 ・水には溶けないが（**非水溶性**）、アルコールにはよく溶ける
危険性	・引火しやすい ・燃焼すると有毒なガス（亜硫酸ガス）を発生 ・静電気を発しやすい
火災予防	・火気を近づけない ・通風をよくする ・直射日光を避け冷暗所に保存 ・容器は密閉する ・**水中保存**する
消火方法	消火剤→二酸化炭素、粉末、耐アルコール泡、ハロゲン化物 消火効果→窒息効果 水に溶けず、水より重いので、水を流し込むことによって消火できる場合もある

ここだけ覚えよう

- **ジエチルエーテルの引火点は−45℃で、第４類でもっとも低い。**
- **二硫化炭素は水より重く、水にまったく溶けないため水中保存できる。また、発火点は 90℃で、第４類でもっとも低い。**

③酸化プロピレン（プロピレンオキサイド）

・**水溶性**である。

表4　酸化プロピレン

特　　性	・無色透明な液体でエーテル臭がある ・蒸気は有害
性　　質	・引火点－37℃ ・沸点 35℃ ・発火点 465℃ ・比重 0.8 ・蒸気比重 2.0 ・水によく溶け（**水溶性**）、アルコール、ベンゼン、トルエンにもよく溶ける
危 険 性	・引火しやすい ・他の物質と発熱して激しく反応 ・金属と重合し発熱して、爆発・火災の原因になる ・皮膚との接触で凍傷に似た症状を起こす
火災予防	・火気を近づけない ・通風をよくする ・直射日光を避け冷暗所に保存 ・容器は密閉する
消火方法	消火剤→二酸化炭素、粉末、耐アルコール泡、ハロゲン化物 消火効果→窒息効果

④アセトアルデヒド

・**水溶性**である。

表5　アセトアルデヒド

特　　性	・無色透明な液体で刺激臭がある ・蒸気は有害
性　　質	・引火点－39℃ ・沸点 21℃ ・発火点 175℃ ・比重 0.8 ・蒸気比重 1.5 ・水によく溶け（**水溶性**）、アルコールにもよく溶ける
危 険 性	・引火しやすい ・他の物質と発熱して激しく反応 ・金属と重合し発熱して、爆発・火災の原因になる ・皮膚との接触で凍傷に似た症状を起こす
火災予防	・火気を近づけない ・通風をよくする ・直射日光を避け冷暗所に保存 ・容器は密閉する
消火方法	消火剤→二酸化炭素、粉末、耐アルコール泡、ハロゲン化物 消火効果→窒息効果

ここだけ覚えよう

●第４類危険物は非水溶性のものが多いが、酸化プロピレンおよびアセトアルデヒドはその例外であり、アルコール類や「ア」のつく物質は水溶性である。

3 第１石油類

第１石油類とは、**ガソリン**、**アセトン**のほか、１気圧において**引火点が 21℃未満**のものをいう。

①ガソリン

> **チェック**
> ガソリンだけは、すべての数値を暗記しておこう。

- 自動車用ガソリンは**オレンジ色**に着色（茶色や褐色《かっしょく》は×）
- 引火点：**－40℃**以下
- 発火点：**300℃**
- 沸点：40 ～ 220℃
- 燃焼範囲：**1.4 ～ 7.6vol%**

表6　ガソリン

特　　性	• 大きく自動車・航空・工業ガソリンに大別 • 自動車用ガソリンは**オレンジ色**に着色
性　　質	• 引火点**－40℃以下** • 沸点 40 ～ 220℃ • 発火点 **300℃** • 燃焼範囲 **1.4 ～ 7.6vol%** • 比重 0.65 ～ 0.75 • 蒸気比重 3 ～ 4 • 水には溶けない（非水溶性）
危 険 性	• 引火しやすい • 静電気が発生・蓄積しやすい
火災予防	• 火気を近づけない • 通風をよくする • 直射日光を避け冷暗所に保存 • 静電気の発生を防ぐため激しいかくはんは避ける • 静電気の蓄積を防ぐため乾燥を避ける • アースをとる • 容器は密閉する • 河川への流出を防ぐ
消火方法	消火剤→二酸化炭素、粉末、耐アルコール泡、ハロゲン化物 消火効果→窒息効果

ここだけ覚えよう

第１石油類については、ガソリンだけ細かい特徴を押さえておく。その他は 157 ページの第４類共通の特性と性質を覚えておけば解答できる。

②ベンゼン（ベンゾール）

- 水には溶けないが（**非水溶性**）、アルコールなどには溶ける。
- 無色透明で特有の芳香がある。揮発性を有し、蒸気は**有毒**である。

表7　ベンゼン

特　性	• 無色透明な液体で芳香臭 • 蒸気は**毒性**が強い
性　質	• 引火点－11.1℃ • 沸点 80℃ • 発火点 498℃ • 比重 0.9 • 蒸気比重 2.8 • 融点 5.5℃ • 水には溶けないが（**非水溶性**）、アルコールなどには溶ける
危険性	• 引火しやすい • 流動により、静電気が発生・蓄積されやすい
火災予防	• 火気を近づけない • 通風をよくする • 直射日光を避け冷暗所に保存 • 容器は密閉する
消火方法	消火剤→二酸化炭素、粉末、耐アルコール泡、ハロゲン化物 消火効果→窒息効果

③トルエン（トルオール）

- 水には溶けないが（**非水溶性**）、アルコールなどには溶ける。
- 無色透明で特有の芳香がある。揮発性を有し、蒸気は**有毒**である。
- **トルエンの毒性はベンゼンより低い。**

表８　トルエン

特　　性	・無色透明な液体で**有毒**
性　　質	・引火点４℃以下 ・沸点 111℃ ・発火点 480℃ ・比重 0.9 ・蒸気比重 3.1 ・水には溶けないが（**非水溶性**）、アルコールなどには溶ける
危 険 性	・引火しやすい ・流動により、静電気が発生・蓄積されやすい
火災予防	・火気を近づけない ・通風をよくする ・直射日光を避け冷暗所に保存 ・容器は密閉する
消火方法	消火剤→二酸化炭素、粉末、耐アルコール泡、ハロゲン化物 消火効果→窒息効果

ここだけ覚えよう

〈ベンゼンとトルエンの共通事項〉

- **非水溶性だが、アルコールなどには溶ける。**
- **無色透明で特有の芳香がある。**
- **揮発性を有し、蒸気は有毒である。**
  ただし、トルエンの毒性はベンゼンより低い。

④ n《ノルマル》 - ヘキサン

- 無色透明な液体で特異な臭気がある。

表9　n- ヘキサン

特　性	・無色透明な液体で特異な臭気がある
性　質	・引火点－20℃以下 ・沸点 69℃ ・比重 0.7 ・蒸気比重 3.0 ・水には溶けないが（非水溶性）、エタノール、ジエチルエーテルなどにはよく溶ける
危険性	・引火しやすい ・流動により、静電気が発生・蓄積されやすい
火災予防	・火気を近づけない ・通風をよくする ・直射日光を避け冷暗所に保存 ・容器は密閉する
消火方法	消火剤→二酸化炭素、粉末、耐アルコール泡、ハロゲン化物 消火効果→窒息効果

⑤アセトン（ジメチルケトン）

- **水溶性**である。

表10　アセトン

特　性	・無色透明な液体で特異な臭気がある
性　質	・引火点－20℃ ・沸点 57℃ ・発火点 465℃ ・比重 0.79 ・蒸気比重 2.0 ・水によく溶け（**水溶性**）、アルコールにもよく溶ける

危険性	・引火しやすい。静電気の火花でも着火することがある ・他の物質と発熱して激しく反応 ・金属と重合し発熱。爆発・火災の原因になる ・皮膚との接触で凍傷に似た症状を起こす
火災予防	・火気を近づけない ・通風をよくする ・直射日光を避け冷暗所に保存 ・容器は密閉する
消火方法	消火剤→二酸化炭素、粉末、耐アルコール泡、ハロゲン化物 消火効果→窒息効果

⑥ピリジン

・非常に悪臭の強い有毒な液体である。

表 11　ピリジン

特性	・純粋なものは無色、通常は不純物で着色 ・非常に悪臭の強い有毒な液体
性質	・引火点 20℃ ・沸点 115.5℃ ・発火点 482℃ ・比重 0.98 ・蒸気比重 2.7 ・水によく溶け（**水溶性**）、アルコールにもよく溶ける
危険性	・引火しやすい ・流動で静電気が発生しやすい
火災予防	・火気を近づけない ・通風をよくする ・直射日光を避け冷暗所に保存 ・容器は密閉する
消火方法	消火剤→二酸化炭素、粉末、耐アルコール泡、ハロゲン化物 消火効果→窒息効果

⑦ジエチルアミン

・無色の液体でアンモニア臭がある。

表 12　ジエチルアミン

特性	・無色の液体でアンモニア臭がある
性質	・引火点－23℃ ・沸点 57℃ ・発火点 312℃ ・比重 0.7 ・蒸気比重 2.5 ・水によく溶け（**水溶性**）、アルコールにもよく溶ける
危険性	・引火しやすい ・流動により、静電気が発生・蓄積されやすい
火災予防	・火気を近づけない ・通風をよくする ・直射日光を避け冷暗所に保存 ・容器は密閉する
消火方法	消火剤→二酸化炭素、粉末、耐アルコール泡、ハロゲン化物 消火効果→窒息効果

ここだけ覚えよう

アセトン、ピリジン、ジエチルアミンの共通点は水溶性でかつアルコールにもよく溶けるため、泡消火剤は耐アルコール性のものを使用する（159 ページ参照）。

4 アルコール類

アルコール類とは、**1分子の炭素の原子の数が1個から3個までの飽和1価アルコール**のことである。

- 水に溶ける（**水溶性**）。
- 引火点：メチルアルコールは**11℃**、エチルアルコールは**13℃→常温**で引火する。
- 有毒なのはメチルアルコール。「メチルは目が散る」→**失明**の危険性があると覚えておく。
- 電気の**良導体**《りょうどうたい》（静電気が発生しにくい）である。
- 燃焼範囲は**ガソリン**より広い（特殊引火物の次に燃焼範囲が広い）。

①メタノール（メチルアルコール）

- 飲むと**失明**《しつめい》**・死の危険**がある。

表13　メチルアルコール

特　　性	• 無色で芳香のある液体 • 有毒な液体
性　　質	• 引火点 **11℃** • 沸点 64℃ • 発火点 464℃ • 比重 0.8 • 蒸気比重 1.1 • 水によく溶け（水溶性）、有機物を溶かす
危 険 性	• 冬場は引火しないが、引火点を超える夏場はガソリンと同様に危険 • **飲むと失明・死の危険がある**
火災予防	• 火気を近づけない • 通風をよくする • 直射日光を避け冷暗所に保存 • 容器は密閉する
消火方法	消火剤→二酸化炭素、粉末、耐アルコール泡、ハロゲン化物 消火効果→窒息効果

②エタノール（エチルアルコール）

・**麻酔性**はあるが毒性はない。

表 14　エタノール

特　性	・無色透明で芳香がある液体 ・**麻酔性がある（毒性はない、いわゆるお酒）**
性　質	・引火点 **13℃** ・沸点 78℃ ・発火点 363℃ ・比重 0.8 ・蒸気比重 1.6 ・水によく溶け（水溶性）、有機物を溶かす
危険性	・冬場は引火しないが、引火点を超える夏場はガソリンと同様に危険
火災予防	・火気を近づけない ・通風をよくする ・直射日光を避け冷暗所に保存 ・容器は密閉する
消火方法	消火剤→二酸化炭素、粉末、耐アルコール泡、ハロゲン化物 消火効果→窒息効果

ここだけ覚えよう

〈アルコール類に共通する性質〉

- **水に溶ける（水溶性）。**
- **引火点はメチルアルコールが 11℃で、エチルアルコールが 13℃。両方とも常温で引火する。**
- **有毒なのはメチルアルコール。「メチルは目が散る」＝失明の危険性があると覚えよう。**
- **電気の良導体であり、静電気が発生しにくい。**
- **燃焼範囲はガソリンより広い。**

5 第２石油類

第２石油類とは、**灯《とう》油《ゆ》**、**軽《けい》油《ゆ》**のほか、１気圧において引火点が 21℃以上 70℃未満のものをいう。

①灯油（ケロシン油）

- 発火点：約 220℃（ガソリンより低い）
- 引火点：**40℃以上**
- **ガソリン**と混ざりやすい。いったん混ざると分離ができず、引火しやすくなる。
- 揮発性が低い（蒸発しにくい）。
- 水に溶けず（**非水溶性**）、油脂を溶かす。

表 15　灯油

特　　性	・無色または淡黄色 ・石油臭
性　　質	・引火点 **40℃以上** ・沸点 145 ～ 270℃ ・発火点 220℃ ・比重 0.8 程度 ・蒸気比重 4.5 ・水に溶けず（**非水溶性**）、油脂を溶かす
危 険 性	**・引火点以上になるとガソリンと同様に危険**
火災予防	・火気を近づけない ・通風をよくする ・直射日光を避け冷暗所に保存 ・容器は密閉する ・河川への流出を防ぐ
消火方法	消火剤→二酸化炭素、粉末、耐アルコール泡、ハロゲン化物 消火効果→窒息効果

②軽油（ディーゼル油）

- 発火点：約 220℃（ガソリンより低い）
- 引火点：**45℃以上**（軽油より灯油のほうが引火しやすい）
- **ガソリン**と混ざりやすい。いったん混ざると分離ができず、引火しやすくなる。
- 揮発性が低い（蒸発しにくい）。
- **非水溶性**である。

表 16　軽油

特　性	・無色または淡黄色 ・石油臭
性　質	・引火点 **45℃以上** ・沸点 170 ～ 370℃ ・発火点 220℃ ・比重 0.85 程度 ・蒸気比重 4.5 ・水には溶けない（**非水溶性**）
危 険 性	**・引火点以上になるとガソリンと同様に危険**
火災予防	・火気を近づけない ・通風をよくする ・直射日光を避け冷暗所に保存 ・容器は密閉する ・静電気の発生・蓄積を防ぐ ・河川への流出を防ぐ
消火方法	消火剤→二酸化炭素、粉末、耐アルコール泡、ハロゲン化物 消火効果→窒息効果

ここだけ覚えよう

- **第２石油類は灯油・軽油が頻出！**
- **第２石油類の共通点は非水溶性であること。**
- **両物質の引火点と、引火すればガソリンと同様に危険であることを覚えておく。**

③酢酸《さくさん》（氷《ひ》酢酸）

・**水溶性**で水より重い。

表 17　酢酸

特　　性	・無色透明で刺激臭がある液体
性　　質	・引火点 39℃ ・沸点 118℃ ・発火点 463℃ ・**比重 1.05（水より重い）** ・蒸気比重 2.1 ・**融点 16.7℃** ・水によく溶け（水溶性）、アルコールにもよく溶ける
危 険 性	・吸入すると粘膜に炎症 ・皮膚に触れるとやけどをする
火災予防	・火気を近づけない ・通風をよくする ・直射日光を避け冷暗所に保存 ・容器は密閉する ・静電気の蓄積を防ぐ
消火方法	消火剤→二酸化炭素、粉末、耐アルコール泡、ハロゲン化物 消火効果→窒息効果

④n《ノルマル》-ブチルアルコール

・アルコールと名前がついているが、これはアルコール類ではなく第2石油類（炭素数4）に分類される。

　なぜなら、アルコール類として分類される条件である飽和1価アルコールではないし、水には溶けない（非水溶性）からだ。

6 第3石油類

第3石油類とは、**重油《じゅうゆ》**、**クレオソート油**のほか、1気圧において引火点が70℃以上200℃未満のものをいう。

チェック

第3石油類で水に浮くのは重油のみだ。

チェック

重油は粘り（動粘度）の少ない順にA重油、B重油、C重油の3種類に分類される。

①重油

- 「重油」と書くが水より**軽い**（比重**0.9～1.0**）。
- 火災には**棒状**注水は不適当。
- 引火点：60℃～150℃
- 発火点：250℃～380℃
- 引火点が高いので火は付きにくいが、一度火が付くと**液温**が高いため**消火**が難しい。
- 燃えると有毒ガスが発生する。

表18　重油

特　　性	・褐色または暗褐色の液体
性　　質	・引火点60～150℃ ・沸点300℃ ・発火点250～380℃ ・**比重0.9～1.0** ・水には溶けない（非水溶性）
危 険 性	・**引火すると液温が高くなるので消火が困難** ・しみ込んだ布は自然発火する危険性がある
火災予防	・火気を近づけない ・容器から漏れないようにする ・河川への流出を防ぐ
消火方法	消火剤→二酸化炭素、粉末、耐アルコール泡、ハロゲン化物 消火効果→窒息効果

ここだけ覚えよう

- **第3石油類で水に浮く（水より軽い）のは重油のみ。**
- **液温が高いため、一度火が付くと消火が難しい。**

②クレオソート油

・コールタールを蒸留して抽出したもの。

表 19　クレオソート油

特　性	・黄色で特異な臭気
性　質	・引火点 73.9℃ ・沸点 200℃以上 ・発火点 336.1℃ ・比重 1.0 以上 ・水には溶けないが（非水溶性）、アルコールなどには溶ける
危険性	・可燃性の液体
火災予防	・火気を近づけない ・冷暗所に貯蔵
消火方法	消火剤→二酸化炭素、粉末、耐アルコール泡、ハロゲン化物 消火効果→窒息効果

チェック

その他の第３石油類の代表例

・ニトロベンゼン（非水溶性で水より重い）

・グリセリン（水溶性で水より重い）

これ以外は 181 ページを参照。

7 第４石油類

第４石油類とは、**ギヤー油**、**シリンダー油**のほか、**1気圧で温度 20℃の状態で液体であって、引火点が 200℃以上 250℃未満**のものをいう。

用語

ギヤー油

歯車に使用される潤滑油のこと。

シリンダー油

蒸気機関のシリンダーに使用される潤滑油のこと。

①第４石油類の特性や性質等

・水には溶けない。

・**燃焼すると液温が高いので消火が困難**である。

・火気を近づけない。

・漏えいを防止する。

・潤滑油の役割をする。

②消火方法

・粉末、泡、二酸化炭素、ハロゲン化物消火剤で消火する。

8 動植物油類

動植物油類とは、**1気圧において引火点が 250℃未満のもの**をいう。具体的には**ヤシ油**や**アマニ油**がある。

①動植物油類の特性や性質等

- 一般に純粋であれば無色透明。
- 固まりやすい**不《ふ》飽《ほう》和《わ》脂《し》肪酸《ぼうさん》**を含む。
- 引火点は 250℃未満と高いので火は付きにくいが、一度火が付くと**液温**が高いため**消火**が難しい。
- 水には溶けない。
- 水より軽い。
- **ボロ布などに染み込んだまま放置すると、蓄熱され自然発火する危険性が高い**。
- 火気を近づけない。
- 冷暗所に保存。

②消火方法

- 粉末、泡、二酸化炭素、ハロゲン化物消火剤で消火する。

③よう素価

よう素価とは「乾きやすさ」を表したもので、油脂100g に吸収されるよう素の重さで決まる。不飽和脂肪酸が多いほどこのよう素価が大きく、**よう素価が大きいほど自然発火しやすい**。よう素価が大きい（130 以上）油を**乾性油《かんせいゆ》**（乾きやすい油）といい、その逆を**不乾性油《ふかんせいゆ》**という。

乾性油の例：アマニ油

半乾性油の例：ゴマ油

不乾性油の例：ヤシ油

用語

ヤシ油

ココヤシ果実（ココナッツ）の種子の胚乳から得られる不乾性油。ココナッツオイルともいう。

アマニ油

亜麻（アマ）の種子から得られる乾性油。食用のほか、油絵具のバインダーや木製品の仕上げなどに用いられる。

第4類危険物の性質の問題では、まずはほとんどすべてに共通する事項を押さえておく（例えば、ほとんどの物品は水より軽いなど)。そのうえで、一部の例外的なもの（例えば、二硫化炭素は水より重いなど）や特徴的なことを押さえておけば、テキストにない物質に関しての問題も解答できるし、覚えることが最小限で済む。

表 20　主な危険物一覧表（第4類）

類別	性質	品名	品名に該当する物品
第4類	引火性液体	1. 特殊引火物	ジエチルエーテル／二硫化炭素／アセトアルデヒド／酸化プロピレン
		2. 第1石油類	ガソリン／ベンゼン／トルエン／n-ヘキサン／メチルエチルケトン／酢酸エチル／アセトン／ピリジン／ジエチルアミン
		3. アルコール類	メタノール／エタノール／n-プロピルアルコール／イソプロピルアルコール
		4. 第2石油類	灯油／軽油／クロロベンゼン／キシレン／n-ブチルアルコール／酢酸／プロピオン酸／アクリル酸
		5. 第3石油類	重油／クレオソート油／アニリン／ニトロベンゼン／エチレングリコール／グリセリン
		6. 第4石油類	ギヤー油／シリンダー油
		7. 動植物油類	ヤシ油／アマニ油

ここだけ覚えよう

〈第4類に共通する性質〉

- **蒸気はすべて空気より重い。**
- **液比重はほとんど水より軽い（例外：二硫化炭素)。**
- **第4類は、燃える・有機物・液体・においがある。**
- **非水溶性が多い。**
- **電気の不良導体（例外：アルコール)**

暗記ポイント 7日目 ☑

1…ジエチルエーテルの引火点は**−45℃**で、第４類でもっとも低い。

2…二硫化炭素は水より重く、水にまったく溶けないため**水中保存**できる。また、発火点は **90℃**で、第４類でもっとも低い。

3…第４類危険物は非水溶性のものが多いが、酸化プロピレンおよびアセトアルデヒドはその例外であり、**アルコール類**や「**ア**」のつく物質は**水溶性**である。

4…〈ベンゼンとトルエンの共通事項〉

- 非水溶性だが、アルコールなどには溶ける。
- 無色透明で特有の芳香がある。
- 揮発性を有し、蒸気は**有毒**である。
- ただし、トルエンの毒性はベンゼンより**低い**。

5…アセトン、ピリジン、ジエチルアミンの共通点は**水溶性**でかつアルコールにもよく溶けるため、泡消火剤は**耐アルコール性**のものを使用する。

6…〈アルコール類の共通事項〉

- 水に溶ける（**水溶性**）。
- 引火点はメチルアルコールが 11℃で、エチルアルコールが 13℃。両方とも**常温**で引火する。
- 有毒なのはメチルアルコール。「メチルは目が散る」＝失明の危険性があると覚えよう。
- 電気の**良導体**であり、静電気が発生しにくい。
- 燃焼範囲は**ガソリン**より広い。

7…第２石油類は灯油・軽油が頻出であり、共通点は**非水溶性**であること。両物質の引火点と、引火すればガソリンと同様に危険であることを覚えておく。

8…第３石油類で水に浮く（水より軽い）のは**重油**のみ。液温が高いため、一度火が付くと消火が難しい。

9…動植物油類を**ボロ布**などに染み込んだまま放置すると、蓄熱され自然発火する危険性が高い。

10…**よう素価**が大きいほど自然発火しやすい。よう素価が大きい油を**乾性油**といい、その逆を**不乾性油**という。

ちょっとひといき コーヒーブレイク

危険物取扱者のお仕事 その6　ビルメンテナンス

ビルメンテナンスとは、建物施設の延命を図るため、その機能と美観を維持し、その建物にかかわる方々に安心を与え、“快適空間”を提供する仕事です。

ビルを建設しただけでは、その機能を十分に果たすことができません。

ビルメンテナンスは、ビルが所期の機能を果たし、ライフサイクルコストの低減や環境に配慮した建物維持管理を行うために、欠かすことのできない重要な役割を果たしています。

参考：資格保持者は手当が 3,000 ～ 10,000 円 / 月
程度アップ

part Ⅲ 危険物の性質 理解度チェック－問－

1 □□ 第５類危険物はすべて可燃性物質であり、そのほとんどが自然発火性と禁水性を持つ固体または液体の物質である。

2 □□ 第４類危険物は可燃性の液体であり､蒸気比重はすべて１より大きい。

3 □□ 第４類危険物はすべて電気の不良導体である。

4 □□ 第４類危険物は蒸気を発生しやすいので、換気は高所で、排出は低所で行う。

5 □□ 第４類危険物に適した消火方法として、窒息消火法や負触媒消火法がある。

6 □□ 二硫化炭素は特有の臭気があり、水に溶けて、水より軽い。

7 □□ ガソリンの燃焼範囲は 1.4vol%～ 7.6vol%である。

8 □□ メチルアルコールは無色透明で芳香性を有し、有毒である。

9 □□ 重油は水より重く､引火すると液温が高くなるので消火が困難である。

10 □□ 動植物油類が染み込んだボロ布などをそのまま放置すると、蓄熱され自然発火する危険性が高い。

解答・解説

1 固体または液体の物質で禁水性を持つのは第 3 類危険物である。 ×

2 記述のとおり。第 4 類危険物は可燃性の液体であり、蒸気比重はすべて 1 より大きい。 ○

3 第 4 類危険物のうち、アルコール類は電気の良導体である。 ×

4 換気は「低所」、排出は「高所」で行う。 ×

5 記述のとおり。第 4 類危険物に適した消火方法として、窒息消火法や負触媒消火法がある。 ○

6 二硫化炭素は非水溶性で水より重い。 ×

7 記述のとおり。ガソリンの燃焼範囲は 1.4vol%～7.6vol%である。 ○

8 記述のとおり。メチルアルコールは無色透明で芳香性を有し、有毒である。 ○

9 重油は水より軽い。 ×

10 記述のとおり。動植物油類が染み込んだボロ布などをそのまま放置すると、蓄熱され自然発火する危険性が高い。 ○

PartⅣ

試験問題にチャレンジ〔解説編〕

出題数各35問

PartⅠ～PartⅢでインプットした知識を生かして、本番さながらの模擬試験で本試験を実体験してみよう。

O T S U Y O N

8日目 模試① 正解一覧

分野	問	解答
危険物に関する法令（15問）	1	(4)
	2	(1)
	3	(2)
	4	(4)
	5	(5)
	6	(1)
	7	(2)
	8	(3)
	9	(4)
	10	(1)
	11	(5)
	12	(2)
	13	(4)
	14	(3)
	15	(2)

分野	問	解答
基礎的な物理学および基礎的な化学（10問）	16	(3)
	17	(3)
	18	(2)
	19	(1)
	20	(2)
	21	(2)
	22	(4)
	23	(4)
	24	(1)
	25	(2)

分野	問	解答
危険物の性質ならびにその火災予防および消火の方法（10問）	26	(1)
	27	(4)
	28	(3)
	29	(2)
	30	(5)
	31	(3)
	32	(4)
	33	(3)
	34	(2)
	35	(2)

※正解肢の内容については参照ページを確認しよう。

8日目 模試① 解答・解説

【危険物に関する法令】

問1　正解　(4)　17ページ参照

第4石油類の指定数量は6,000 ℓ、動植物油類は1万ℓなので同じではない。

問2　正解　(1)　47ページ参照

仮貯蔵・仮取扱いのキーワードは「消防長」「承認」「10日以内」なので(1)が正解。

問3　正解　(2)　34ページ参照

A：屋内タンク貯蔵所…指定数量の40倍以下
D：簡易タンク貯蔵所…600 ℓ以下
G：移動タンク貯蔵所…3万ℓ以下
であるから(2)の3つが正解。

問4　正解　(4)　45、46ページ参照

設置や変更の手続きについては必ず「申請 ⇒ 許可 ⇒ 着工」の順番であるから、事前に工事に着手する、もしくは着工前提の肢はすべて誤りである。

問5　正解　(5)　47ページ参照

仮使用のキーワードは「変更工事に係る部分以外の部分」「市町村長等」「承認」なので、(5)が正解。

問6　**正解　(1)**　88 ページ参照

危険物施設の廃止の届出は事後でよいため、10 日前まででではない。

問7　**正解　(2)**　50 ページ参照

丙種危険物取扱者は、危険物取扱者以外が危険物を取り扱う場合の立会いはできないので、(2) が正解。

(1) 丙種ではアルコール類を取り扱うことができない。
(3) 特殊引火物も取り扱える。
(4) 危険物取扱者は選任されるものではない。免状を持っている者は「危険物取扱者」である。
(5) このような規定はない。施設保安員がいても危険物取扱者は必要。

問8　**正解　(3)**　51 ページ参照

免状の写真の書換えは 10 年ごとである。

問9　**正解　(4)**　53 ページ参照

受講期間の原則は、「3 年に 1 回」と「新たに従事することとなった日から 1 年以内」の 2 点を確認する。この問題は危険物の取扱いにずっと従事していたパターンなので 3 年以内が当てはまる。

問10　**正解　(1)**　60 ページ参照

定期点検は 1 年に 1 回以上行い、記録は 3 年間保存する義務があるが、報告の義務はない。

問11 **正解 （5）** 81ページ参照

「火気厳禁」の掲示板は第２類から第５類までを貯蔵する場合に必要である。第３類はまたは第４類の危険物のみではない。

問12 **正解 （2）** 70ページ参照

指定数量が10倍を超える場合に警報設備が必要になる。

問13 **正解 （4）** 44ページ参照

保有空地が必要なのは製造所、屋外貯蔵所、屋内貯蔵所、屋外タンク貯蔵所、一般取扱所、簡易タンク貯蔵所（屋外）、移送取扱所である。「セイゾウジョ・ソト・ウチ・ソトタン・イッパンショ＋カンイとイソウ」と覚えよう。販売取扱所は必要なし。

問14 **正解 （3）** 50ページ参照

丙種はガソリンを取り扱えるので正しい。

（1）免状は必ず携帯する必要がある。

（2）弁、マンホール等の点検は毎回、移送の開始前に点検する。

（4）休憩場所に承認は必要ない。

（5）基本的に移送するのに届出は必要がない。

問15 **正解 （2）** 56ページ参照

市町村長等は所有者、管理者、占有者に対して解任命令を出すことができる。

問 16　正解 （3）　105 ページ参照

熱膨張の式は、膨張した体積＝元の体積×温度差×体膨張率であるから、それに当てはめると、 $1{,}000 \times x$(温度差)$\times(1.35 \times 10^{-3}) = 20$　となる。

$1{,}000 \times 0.00135$ は 1.35 なので、 x(温度差)$\times 1.35 = 20$

→ x(温度差) $= 20 \div 1.35$　となり、計算すると、x(温度差) は 14.8…。

元の温度は 0℃なので、最も近い温度は（3）の 15℃となる。

問 17　正解 （3）　103 ページ参照

比熱を表す式は、10 g の物質を温めて 30℃上昇させるのに 756J 使用したので、比熱を x とすると

$$\text{比熱 J/(g・℃)} = \frac{\text{熱量（J）}}{\text{質量（g）×温度差（℃またはK）}}$$ 　であるから、

当てはめると　$x = \dfrac{756}{10 \times 30}$　となり、

$10 \times 30 \times x = 756$　これを計算していくと、

$x = 756 \div 30 \div 10 = 2.52$

問 18　正解 （2）　109 ページ参照

D：静電気は人体に帯電する。これは常識である。

E：静電気の量は流速に比例する。

よってD・Eの２つが誤りだから正解は（2）である。

問 19　正解　(1)

128 ページ参照

可燃物、酸素を供給するもの、熱源という燃焼の三要素を思い出してみよう。

こういう問題は、まず酸素、空気のないものを消す（B、Eを消去）。次に火、炎のないものを消す（Dを消去）。AとCの2つが残るが、Aは明らかに燃えるものがないので、当てはまるのはCのみ。

問 20　正解　(2)

123 ページ参照

pH は水素イオン指数のこと。pH7 は中性であり、酸性とアルカリ性の分岐点となる。7未満の数字が酸性、7を超える数字がアルカリ性となり、7に近いほど弱い酸性またはアルカリ性となる。問題の pH6 は、中性に近い酸性なので（2）の弱い酸性となる。

問 21　正解　(2)

129 ページ参照

可燃物自体に酸素が含まれている危険物もあるため、空気の供給がなくても燃焼するものもある。

問 22　正解　(4)

141 ページ参照

熱伝導率が大きいと熱が逃げやすくなる。小さいほうが熱がこもり、燃焼しやすい。

問 23　正解　(4)

135 ページ参照

引火点とは、液温がその温度になった時に点火源があると引火する温度のことなので、引火について記述している（4）が正解。

問 24　正解　(1)　136 ページ参照

燃焼の三要素のうち、どれか１つを取り除けば消火できる。

問 25　正解　(2)　139 ページ参照

ハロゲン化物消火器は冷却効果ではなく、負触媒効果や窒息効果がある。

【危険物の性質ならびにその火災予防および消火の方法】

問 26　正解　(1)　149 ページ参照

“強酸化性”という言葉から第１類か第６類に絞る。さらに、“固体”とあるので、第１類と判断できる。

問 27　正解　(4)　135 ページ参照

第４類危険物は発火点以上に加熱されれば、点火源がなくても燃焼する。

(1) ガソリンなど、引火点が常温以下のものであれば引火する。

(2) (1) と同じ。引火点が常温以下のものは可燃性蒸気を発生させる。

(3) 引火点以下では点火源があっても引火しない。

(5) 発火点以上になれば点火源がなくても燃焼する。

問 28　正解　(3)　158 ページ参照

第４類の蒸気はすべて空気より重いので上方に拡散することはない。

問 29 **正解 (2)** 137 ページ参照

油火災は棒状注水、電気火災は泡消火剤が使用不可であるため、消去法で(2) が残る。

問 30 **正解 (5)** 165 ページ参照

酸化プロピレンは水溶性ということだけ覚えておく。つまり、そこがひっかけとなる。

問 31 **正解 (3)** 167 ページ参照

ガソリンの引火点は－40℃以下であるから (3) が正解。

(1) 燃焼範囲は 1.4 ～ 7.6 vol%である。

(2) 発火点は 300℃。第４類危険物の発火点はほとんどが 100℃である。

(4) 自動車用ガソリンは青色ではなく、オレンジ色に着色されている。

(5) 蒸気は空気より重い (ガソリンに限らず第４類はすべて)。

問 32 **正解 (4)** 157 ページ参照

第４類危険物の共通の特性を思い出し、固体は存在しないとわかれば答えられる。

問 33 **正解 (3)** 178 ページ参照

A・B・D の３つが該当する。

C :「重油」と書くが水より軽い (比重 0.9 ～ 1.0)。

E :棒状消火は、第４類の消火方法において不適当である。

問 34　**正解　(2)**　180 ページ参照

よう素価が大きい油を乾性油といい、その逆を不乾性油という。(3) に書いてあるように、よう素価が大きいほど自然発火しやすいので、(2) が誤りである。

問 35　**正解　(2)**　175 ページ参照

(1) ケロシン油とも呼ばれるのは灯油である。
(3) 軽油・灯油は揮発しにくい。つまり蒸発しにくい。
(4) 着色するのは自動車用ガソリンである (色はオレンジ色)。
(5) 第 4 類危険物の蒸気はすべて空気より重い。
よって正しいものは (2) である。

成績診断（第1回）

第１回目の模擬試験は終わりました。188 ページの正解一覧でチェックした結果をもとに、下記の表をうめてみましょう。何問できたかな！

試験科目		合格基準	結果
Part Ⅰ	危険物に関する法令	9 問	／15 問
Part Ⅱ	基礎的な物理学および化学	6 問	／10 問
Part Ⅲ	危険物の性質	6 問	／10 問
合　計		21 問	／35 問

※合格基準は全体の 60％です。

★点数が低い科目は苦手分野ですので、復習をしっかりやりましょう。

□危険物に関する法令　→　Part Ⅰ　13 ページに戻る

□基礎的な物理学および化学　→　Part Ⅱ　93ページに戻る

□危険物の性質　→　Part Ⅲ　147 ページに戻る

気がついたことをメモしましょう

9日目 模試② 正解一覧

分野	問	解答
危険物に関する法令（15問）	1	(1)
	2	(5)
	3	(4)
	4	(2)
	5	(1)
	6	(4)
	7	(4)
	8	(2)
	9	(2)
	10	(3)
	11	(4)
	12	(3)
	13	(4)
	14	(3)
	15	(3)
基礎的な物理学および基礎的な化学（10問）	16	(3)
	17	(5)
	18	(4)
	19	(4)
	20	(1)
	21	(3)
	22	(2)
	23	(5)
	24	(1)
	25	(4)
危険物の性質ならびにその火災予防および消火の方法（10問）	26	(4)
	27	(2)
	28	(5)
	29	(4)
	30	(3)
	31	(5)
	32	(4)
	33	(2)
	34	(3)
	35	(4)

※正解肢の内容については参照ページを確認しよう。

9日目 模試② 解答・解説

【危険物に関する法令】

問1 正解 (1)

14ページ参照

(2) 危険物に甲・乙・丙はない。これがあるのは免状の種類。
(3) 危険物の類は、危険度ではなく、性質・性状で分類されている。
(4) 危険物に気体はない。
(5) 危険物に特類はない（第1類～第6類の6種類)。

問2 正解 (5)

28、29ページ参照

屋外貯蔵所で貯蔵できるもの　→ 引火点0℃以上のもの ＋ 硫黄
　　　　　　　　　できないもの → 引火点0℃未満のもの ＋ ナトリウム
貯蔵できないものを選ぶときは、第1石油類か特殊引火物を選べばよい。

(参考) (1) 灯油：引火点40℃以上　(4) ギヤー油：引火点220℃
　　　(2) 軽油：引火点45℃以上　(5) ガソリン：引火点−40℃以下
　　　(3) 重油：引火点60℃以上

よって、引火点が0℃未満の（5）が正解。

問3 正解 (4)

21ページ参照

同一場所で複数物質を貯蔵している場合の指定数量の倍数は、

$$\frac{\text{A の貯蔵量}}{\text{A の指定数量}} + \frac{\text{B の貯蔵量}}{\text{B の指定数量}} + \frac{\text{C の貯蔵量}}{\text{C の指定数量}}$$ だから、

計算すると下記のようになる。

軽油	指定数量	1,000	3,000/1,000 ＝ 3	3倍
ガソリン	指定数量	200	1,000/200 ＝ 5	5倍
エチルアルコール	指定数量	400	2,000/400 ＝ 5	5倍

となり、これらを足して、3 ＋ 5 ＋ 5 ＝ 13　答えは13倍。

問4　**正解（2）**　44ページ参照

保安距離が必要な施設は、「セイゾウショ・ソト・ウチ・ソトタン・イッパンショ」。つまり、製造所、屋外貯蔵所、屋内貯蔵所、屋外タンク貯蔵所、一般取扱所を思い出そう。

問5　**正解（1）**　67ページ参照

「小型、大型、消火設備、スプリンクラー、栓」の順で5・4・3・2・1種となる。

(2) 第2種
(3) 第1種
(4) 第3種
(5) 第1種

問6　**正解（4）**　88ページ参照

製造所等の廃止は、(A) 遅滞なく (B) 市町村長へ届け出るから、(4) が正解。事前の届出ではない。

問7　**正解（4）**　47ページ参照

仮貯蔵のキーワードは「消防長または消防署長」「承認」と「10日以内」(問題文にある) であり、これらをすべて満たしている (4) が正解。

問8　**正解（2）**　86ページ参照

①免状 ②保安講習 ③予防規程 ④届出 ⑤危険物施設保安員に関することは使用停止命令には該当しないため、いずれにも該当しない (2) が正解。

問9　**正解　(2)**　60 ページ参照

定期点検の原則は、１年に１回以上、記録は３年間保存し、報告義務はないというもの。

(1) 定期点検が必要な施設 → 地下タンク貯蔵所、移動タンク貯蔵所、移送取扱所

不要な施設 → 簡易タンク貯蔵所、屋内タンク貯蔵所、販売取扱所

よって、すべてではない。

(3) 定期点検は、危険物施設保安員の主な業務である。つまり、危険物取扱者以外も行える。

(4) 定期点検を行うのは市町村ではなく危険物取扱者・危険物施設保安員である。

(5) 記録は１年間ではなく３年間保存する。

問10　**正解　(3)**　56 ページ参照

保安監督者に必要な実務経験は６カ月である。

※「保安統括管理者、施設保安員は資格経験必要なし」も併せて確認しよう。

問11　**正解　(4)**　51 ページ参照

免状の再交付は、当該免状の（A）交付または書換えをした都道府県知事に申請し、免状を発見した場合は、（B）10 日以内に（C）交付を受けた都道府県知事に返納する。

問12　**正解　(3)**　53、54 ページ参照

保安講習については、①原則３年に１回受講する　②現に危険物を取り扱っている危険物取扱者（免状保持者）が受ける　③違反した者が受けるものではない　の３点は必ず押さえておく。

問13　正解　(4)

64ページ参照

予防規程は火災を予防するために自主的に定める保安に関する規程のことである。したがって、(4) が正解であり、(1) のような内容ではない。

なお、予防規程の制定および変更には市町村長等の認可が必要であり、(2) は間違い。また、予防規程が必要な施設は給油取扱所と移送取扱所であり、逆に必要ない施設は地下タンク貯蔵所・屋内タンク貯蔵所・販売取扱所であるから、(3) や (5) も間違いである。

問14　正解　(3)

82ページ参照

指定数量以上の危険物を運ぶ場合は消火設備を備え付けておく。

(1) 指定数量未満であれば、特に危険物取扱者である必要はない（私たちが普通に灯油を買って帰るのも運搬なので、誰でもできるということ）。

※指定数量以上の場合は、甲・乙の免状保持者が立ち会えば（同乗していれば）、運搬する者（運転手）が危険物取扱者でなくてもかまわない。

(2) 運搬については指定数量にかかわらず消防法の規制を受ける。

(4) 混載できる組み合わせもある（1-6、2-5、4-2・3・5）。

(5) 移送も運搬も、指定数量以上であっても届出は必要ない。

問15　正解　(3)

50ページ参照

丙種危険物取扱者が取り扱える危険物は、ガソリン、灯油、軽油、第３石油類（重油、潤滑油および引火点130℃以上のもの）、第４石油類および動植物油類。アルコール類は取り扱えない。

ちなみに、固形アルコールは第４類危険物ではなく、第２類危険物である。

【基礎的な物理学および基礎的な化学】

問16　**正解　(3)**　131ページ参照

ガソリンは第４類危険物であり、第４類危険物はすべて蒸発燃焼である。

問17　**正解　(5)**　136ページ参照

燃焼の三要素である可燃性物質（ガソリン）、酸素供給体（酸素）、点火源（電気火花）が揃っているのは（5）のみ。

問18　**正解　(4)**　135ページ参照

引火点の説明は（4）のとおり。

問19　**正解　(4)**　136ページ参照

二酸化炭素消火剤は窒息効果の代表例で、第４類に適している。その他も（2）以外はすべて窒息効果となる。（2）は冷却効果である。

問20　**正解　(1)**　129ページ参照

酸素自身は燃えない（不燃物）が、燃焼をさせる、つまり支燃性を有している。

（2）ハロゲンとくれば負触媒効果。つまり、発火しない。

（3）比熱が大きいと、その分、熱を吸収するので発火、着火（引火）しにくい。

（4）（5）についてはそんな記述はない。

問21　正解　（3）

109 ページ参照

絶縁は、静電気発生の１つの要因であるから、絶縁すると余計に静電気が発生してしまう。

問22　正解　（2）

96 ページ参照

固体になるのだから、凝縮ではなく凝固である。

問23　正解　（5）

125 ページ参照

相手から酸素を奪う（相手を還元させる）のは酸化剤ではなく還元剤だ。

問24　正解　（1）

98 ページ参照

水は 100℃で沸騰する。

（2）二酸化炭素は圧力をかければ液体になる。

（3）低くなるのではなく高くなる。

（4）固体になるのだから凝固である。

（5）融点 ＝ 凝固点 だからである。

問25　正解　（4）

105 ページ参照

流出した液体を膨張ととらえると、この場合は液膨張となる。液膨張の式は、体膨張と同じである。

体積：1,000 ℓ　　温度差：(35 − 15) ＝ 20℃

体膨張率：1.35×10^{-3}　　なので、

流出した液体の量を x とすると、x ＝元の体積×温度差×体膨張率となり、計算すると

$1{,}000 \times 20 \times 1.35 \times 10^{-3} = 27$　　答えは（4）である。

【危険物の性質ならびにその火災予防および消火の方法】

問 26　正解　（4）　148 ページ参照

第５類は、可燃性で固体と液体の両方だから（4）が正解。

（1）危険物に気体はない。

（2）第２類は可燃性の固体。

（3）第３類は第５類と同様に、可燃性で固体または液体。

（5）第６類は不燃性の液体。

問 27　正解　（2）　157 ページ参照

二硫化炭素など一部を除いて、第４類危険物の液比重は１より小さいものが多い（水より軽い）。

（1）自然分解しにくい。

（3）蒸気比重は大きい（空気より重い）。

（4）電気の不良導体が多いので、導電率も小さい。

（5）水で希釈しても引火点は変わらない。

問 28　正解　（5）　158 ページ参照

第４類の蒸気はすべて空気より重いため、「低所で換気、高所で排出」が基本。

問 29　正解　（4）　159 ページ参照

この中で第４類危険物の火災に適当でないのは（4）のみ。第４類の火災に棒状・注水は不可である。

問 30　正解　（3）　177 ページ参照

酢酸は水溶性である。他の選択肢は参考程度に覚えておけばよい。

問 31　**正解　(5)**　167 ページ参照

自動車用ガソリンは工業用ガソリンと区別するため、オレンジ色に着色されている。

問 32　**正解　(4)**　157 ページ参照

第４類はほとんど発火点が 100℃より高い。灯油と軽油の発火点は約220℃となっている。

問 33　**正解　(2)**　178 ページ参照

「重油」と書くが、他の一般的な第４類の性質と同じく、水より軽い。

問 34　**正解　(3)**　164 ページ参照

二硫化炭素は無色透明で特有の臭気を持ち、非水溶性で水より重いので、水中保存できる。

※非水溶性というのは第４類の一般的な性状だが、水より重いというのは第４類の一般的な性状と異なるので、非常に重要。

問 35　**正解　(4)**　170 ページ参照

「ア」がつくものは水溶性が多い。アセトンは水溶性ということを最低限押さえておく。

✓ 成績診断（第2回） ✓

第2回目の模擬試験は終わりました198ページの正解一覧でチェックした結果をもとに、下記の表をうめてみましょう。何問できたかな！

試験科目		合格基準	結果
Part Ⅰ	危険物に関する法令	9問	／15問
Part Ⅱ	基礎的な物理学および化学	6問	／10問
Part Ⅲ	危険物の性質	6問	／10問
合　計		21問	／35問

※合格基準は全体の60%です。

★点数が低い科目は苦手分野ですので、復習をしっかりやりましょう。

□危険物に関する法令　→　Part Ⅰ　13ページに戻る
□基礎的な物理学および化学　→　Part Ⅱ　93ページに戻る
□危険物の性質　→　Part Ⅲ　147ページに戻る

気がついたことをメモしましょう

索　引

き

く

け

こ

さ

し

す

せ

そ

た

著者紹介

合格するまで面倒みます！®

乙四ドットコム（おつよんどっとこむ）

株式会社スペック（代表取締役・上村英樹）が企画運営する学習支援サイトの一つで、国家資格乙種第４類危険物取扱者（乙四危険物取扱者）の資格取得を目指す人を応援するコンテンツを提供している。

母体に「合格するまで面倒みます！®」ポータルサイトがあり、シリーズラインナップとして全９資格、延べ11コースの講習会を東京と大阪で開催。他にも、自宅学習のための教育図書や教材なども取り揃えている。

特徴１　ストーリー講習で覚えやすい

日本で唯一「ストーリー講習™プログラム」を採用。インプットとアウトプットをバランスよく組み込み、記憶に残りやすいストーリー（シナリオ）に沿った講義を展開。要点だけに絞った必要最小限のテキストと最新の頻出問題を厳選した独自の演習問題に定評がある。

特徴２　安心の合格保証

講習会を受講して、万が一不合格になった場合でも「合格するまで何度でも再受講できる」安心のアフターサポートが用意されている。

特徴３　シリーズ累計合格者２万人突破

2019年10月現在、シリーズ講習会の累計合格者が２万人を突破し、名実ともに業界でダントツの実績を誇る講習会となっている。

◆たった２日で合格できる！・・
合格するまで面倒みます！® シリーズ 乙四ドットコム® 講習会

https://otsu4.com/

◆学習のヒントがいっぱい！・・
「合格した！」喜びの声はこちらへ

https://otsu4.com/letter

本書の特典

本書を購読して試験に臨まれる皆さまに、**乙四ドットコム特典動画**をプレゼント。本書の理解を加速させる映像ツールとしてぜひご活用ください。

下記のＵＲＬにアクセスしてください。
※ＱＲコードからもアクセスできます。

https://otsu4.com/tokutenmovie

〈本書へのお問い合わせ〉

本書の記述に関するご質問等は、**文書**にて下記あて先にお寄せください。
お寄せいただきましたご質問等は、著者に確認のうえ回答いたしますので、若干お時間をいただく場合もございます。あらかじめご了承ください。また、**電話でのお問い合わせはお受けいたしかねます。**
なお、当編集部におきましては記述内容をこえるご質問への回答および受験指導は行っておりません。何卒ご了承の程お願いいたします。

郵送先　〒171-0014
東京都豊島区池袋２－10－７
㈱住宅新報出版
ＦＡＸ　(03) 6674-6918

正誤に関する情報は、下記ウェブサイト
（ **https://www.jssbook.com/** ）で
ご確認いただけます。
情報の公開は改訂版発行までとさせて
いただきます。ご了承ください。

本文デザイン・DTP・イラスト：印刷クリエート㈱
カバーデザイン：吉村朋子
カバーイラスト：高世えりこ

9日《ここのか》でマスター！　楽学《らくがく》 乙四《おつよん》危《き》険物《けんぶつ》取《とり》扱《あつかい》者《しゃ》

2020年4月24日　初版発行

著　者　乙四ドットコム
発行者　馬　場　栄　一
発行所　㈱住宅新報出版
〒171-0014　東京都豊島区池袋２－10－７
電話（03）6388-0052
https://www.jssbook.com/

＊印刷・製本／㈱埼京印刷
＊落丁本・乱丁本はお取り替えいたします。
Printed in Japan
ISBN978-4-909683-67-0 C3043

【問題冊子の取り外し方】

色紙を残したまま、問題冊子を１冊つまんでから、
手前にゆっくり引っ張るようにして、取り外してください。

※取り外しの際に生じた損傷につきましては、お取り替えいたしかねます。
あらかじめご了承ください。

PartⅣ

試験問題にチャレンジ〔問題編〕

出題数各35問

PartⅠ～PartⅢでインプットした知識を生かして、本番さながらの模擬試験で本試験を実体験してみよう。

8日目

模擬試験①

（注）問題中に使用した略語は、次のとおりです。

法　　　令………消防法、危険物の規制に関する政令または危険物の規制に関する規制

　法　　………消防法

政　　　令………危険物の規制に関する政令

規　　　則………危険物の規制に関する規則

製 造 所 等………製造所、貯蔵所または取扱所

市町村長等………市町村長、都道府県知事または総務大臣

免　　　状………危険物取扱者免状

所 有 者 等………所有者、管理者または占有者

○制限時間は2時間です。

○問題は3ページから15ページの35問です。

※解答と解説の掲載は188ページから196ページです。

【危険物に関する法令】

問1 第4類の危険物について、次のうち誤っているものはどれか。

(1) 特殊引火物と第1石油類は、指定数量が同じものがない。
(2) 水溶性の第1石油類とアルコール類は、指定数量が同じである。
(3) 第2石油類と第3石油類は、指定数量が同じものがある。
(4) 第4石油類と動植物油類は、指定数量が同じである。
(5) 第1石油類、第2石油類および第3石油類に属する物品は、品名が同じであっても水溶性液体と非水溶性液体では指定数量が異なる。

問2 法令上、指定数量以上の危険物を製造所等以外の場所で、仮に貯蔵し、また取り扱うことのできる場合および期間は次のうちどれか。

(1) 所轄消防長の承認を受けたときは、10日以内
(2) 所轄消防署長の承認を受けたときは、14日以内
(3) 都道府県知事の承認を受けたときは、10日以内
(4) 市町村長の承認を受けたときは、14日以内
(5) 所轄消防団長の承認を受けたときは、10日以内

問3 法令上、貯蔵または取り扱う数量に上限が定められている製造所等は、次のA～Gのうちいくつあるか。

A 屋内タンク貯蔵所
B 屋外タンク貯蔵所
C 地下タンク貯蔵所
D 簡易タンク貯蔵所
E 製造所
F 屋外貯蔵所
G 積載式以外の移動タンク貯蔵所

(1) 2つ
(2) 3つ
(3) 4つ
(4) 5つ
(5) 6つ

問4 法令上、変更許可および工事の着手について、次のうち正しいものはどれか。

(1) 変更許可を受ける前に工事に着手するには、仮工事の承認を受けることが必要である。

(2) 変更許可を申請した日から10日を経過した日以降であれば、変更許可を受けていなくても工事に着手することができる。

(3) 変更許可を申請していれば、工事の着手について特に制限はない。

(4) 変更許可を受ける前に、工事に着手することは認められていない。

(5) 変更の内容が、政令で定める技術上の基準に適合したものであれば、変更許可を申請する前に工事に着手することができる。

問5 変更工事後の仮使用の承認について、次のうち正しいものはどれか。

(1) 完成検査前に市町村長等の承認を受けて、製造所等の全部を使用した。

(2) 市町村等の承認を受けて、完成した部分から使用した。

(3) 完成検査を受けたが、一部が不合格となったので、合格した部分のみを市町村長等の承認を受けて使用した。

(4) 完成検査前に市町村長等に届け出て、完成した部分から使用した。

(5) 完成検査前に、変更工事に係る部分以外の部分の全部を市町村長等の承認を受けて使用した。

問6 法令上、各種届出について次のうち誤っているものはどれか。

(1) 危険物施設の廃止の届出は、製造所等の用途を廃止する日の10日前までに届け出なければならない。

(2) 危険物施設の譲渡または引渡しの届出は、許可を受けた者の地位を継承した者が遅滞なく届け出なければならない。

(3) 危険物の品名、数量または指定数量の倍数の変更届出は、変更する日の10日前までに届け出なければならない。

(4) 危険物保安統括管理者を解任したときは、遅滞なくその旨を届け出なければならない。

(5) 危険物施設の廃止の届出義務を怠った者は、罰則規定が適用される。

問7 **危険物取扱者について、次のうち正しいものはどれか。**

(1) 丙種危険物取扱者が取り扱うことのできる危険物は、ガソリン、灯油、軽油、重油およびアルコール類だけである。

(2) 丙種危険物取扱者は、法で定められている危険物を自ら取り扱うことはできるが、危険物取扱者以外の者が危険物を取り扱う場合の立会いをすることはできない。

(3) 乙種危険物取扱者（第４類）は、特殊引火物を取り扱うことができない。

(4) 免状の交付を受けていても、製造所等の所有者から選任されなければ、危険物取扱者ではない。

(5) 危険物施設保安員を置いている製造所等には、危険物取扱者を置く必要はない。

問8 **法令上、危険物取扱者免状の書換えの時期について、次の文の（　）に当てはまるものは次のうちどれか。**

「免状の記載事項の写真について、撮影後（　　）年経過したものは、遅滞なく当該免状を交付した都道府県知事または居住地、もしくは勤務地を管轄する都道府県知事に書換えを申請しなければならない。」

(1) 3

(2) 5

(3) 10

(4) 15

(5) 20

問9　次の（　）内に当てはまる語句はどれか。

「製造所等において危険物の取扱作業に従事する危険物取扱者は、危険物の取扱作業の保安に関する講習を、原則として前回の受講日以後における最初の４月１日から（　）以内に受けなければならない。」

(1)　６年
(2)　５年
(3)　４年
(4)　３年
(5)　２年

問10　製造所等の定期点検について、次のうち誤っているものはどれか。ただし、規則で定める漏れの点検を除く。

(1)　点検結果について、１年に１回消防署長に報告の義務がある。
(2)　点検記録は、原則として３年間保存しなければならない。
(3)　危険物施設保安員は、定期点検を行うことができる。
(4)　危険物取扱者の立会いを受けた場合は、危険物取扱者以外の者でも点検を行うことができる。
(5)　点検は、原則として１年に１回以上実施しなければならない。

問11　製造所等における掲示板についての説明で、次のうち誤っているものはどれか。

(1)　地色が赤の掲示板は、「火気厳禁」または「火気注意」を示している。
(2)　地色が青の掲示板は、「禁水」を示している。
(3)　指定数量以上の危険物を運搬する場合には、車両の前後の見やすい箇所に0.3平方メートルの黒字に黄色の反射塗料等で「危」と表示しなければならない。
(4)「禁水」と表示されている貯蔵所は、アルカリ金属の過酸化物または禁水性物品を貯蔵しているものである。
(5)「火気厳禁」の掲示板が掲げられている貯蔵所は、第３類または第４類の危険物のみを貯蔵しているものである。

問12 警報設備に関する次の文の（　　）に当てはまる、法令で定められている数値は、次のうちどれか。

「指定数量の（　　）倍以上の危険物を貯蔵し、または取り扱う製造所等（移動タンク貯蔵所を除く）に火災が発生した場合、自動的に作動する火災報知設備その他の警報設備を設けなければならない。」

(1) 5
(2) 10
(3) 50
(4) 100
(5) 150

問13 危険物を貯蔵しまたは取り扱う建築物その他の工作物の周囲の空地について、次のうち誤っているものはどれか。ただし、特例基準を適用する場合を除く。

(1) 地下タンク貯蔵所は、空地の保有の必要はない。
(2) 製造所は、空地を保有しなければならない。
(3) 屋内タンク貯蔵所は、空地の保有の必要はない。
(4) 販売取扱所は、空地を保有しなければならない。
(5) 屋外に設置してある簡易タンク貯蔵所は、空地を保有しなければならない。

問14 危険物を移動タンク貯蔵所で移送する場合の措置として、次のうち正しいものはどれか。

(1) 危険物取扱者免状は常置場所のある事務所で保管している。
(2) 弁、マンホール等の点検は、1月に1回以上行わなければならない。
(3) 丙種危険物取扱者は、ガソリンを移動タンク貯蔵所で移送できる。
(4) 移送中に休憩する場合は、所轄消防長の承認を受けた場所で行わなければならない。
(5) 移送する10日前に許可を受けた市町村長等へ届け出なければならない。

問15 危険物保安統括管理者および危険物保安監督者の解任命令を出すことができるのは、次のうちだれか。

(1) 都道府県知事
(2) 市町村長等
(3) 消防庁長官
(4) 消防長
(5) 消防署長

【基礎的な物理学および基礎的な化学】

問16 液温 0℃のガソリン 1,000 ℓ を温めていくと、1,020 ℓ になった。このときのガソリンの液温に最も近いものは、次のうちどれか。ただし、ガソリンの体膨張率は 1.35×10^{-3} とし、ガソリンの蒸発は考えないものとする。

（1） 5℃
（2） 10℃
（3） 15℃
（4） 20℃
（5） 25℃

問17 ある物質 10g を 20℃から 50℃まで上昇させるのに 756J の熱量を使用した。この物質の比熱は次のうちどれか。

（1） 1.09J/(g･K)
（2） 1.51J/(g･K)
（3） 2.52J/(g･K)
（4） 3.78J/(g･K)
（5） 7.01J/(g･K)

問18 静電気に関する説明として、次のA～Eのうち誤っているものはいくつあるか。

A　静電気は、電気の不良導体（不導体）に蓄積されやすい。

B　液体や粉末などが流動するときは、静電気が発生しやすい。

C　ナイロンなどの合成繊維の衣類は、木綿のものより静電気が発生しやすい。

D　静電気は、人体には帯電しない。

E　液体を配管で移送するときに発生する静電気の量は、流速に反比例する。

(1)　1つ
(2)　2つ
(3)　3つ
(4)　4つ
(5)　5つ

問19 次のA～Eのうち、燃焼のために必要な要素の組み合わせはいくつあるか。

A	水	酸素	電気火花
B	亜鉛粉	水素	湿度
C	二硫化炭素	空気	電気火花
D	二酸化炭素	酸素	磁力
E	硫化水素	窒素	放射線

(1)　1つ
(2)　2つ
(3)　3つ
(4)　4つ
(5)　5つ

問20 pH6 の水溶液の性質として、次のうち正しいものはどれか。

(1) 弱いアルカリ性である。
(2) 弱い酸性である。
(3) 中性である。
(4) 強い酸性である。
(5) 強いアルカリ性である。

問21 燃焼に関する説明として、次のうち誤っているものはどれか。

(1) 燃焼とは、発熱、発光等を伴う酸化反応である。
(2) 可燃物は、どんな場合でも空気がなければ燃焼しない。
(3) 燃焼の三要素とは、可燃物、酸素供給体および点火源のことである。
(4) 点火源とは、可燃物と酸素が反応を起こすために必要なエネルギーのことである。
(5) 固体の可燃物は、細かく砕くと燃焼しやすくなる。

問22 可燃物の燃焼の難易について、次のうち誤っているものはどれか。

(1) 加熱されて可燃性ガスが多く発生する物質ほど燃焼しやすい。
(2) 酸素との接触面積が大きいほど燃焼しやすい。
(3) 周囲の温度が高いほど燃焼しやすい。
(4) 熱伝導率の大きい物質ほど燃焼しやすい。
(5) 発熱量の大きいものほど燃焼しやすい。

問23 「ある可燃性液体の引火点は 50℃である。」この記述について次のうち正しいものはどれか。

(1) 気温が 50℃になると、燃焼可能な濃度の蒸気を発生する。
(2) 気温が 50℃になると、自然に発火する。
(3) 液温が 50℃になると、自然に発火する。
(4) 液温が 50℃になると、点火源を液面に近づけると引火する。
(5) 液温が 50℃になると、蒸気を発生しはじめる。

問24 消火に関する説明で次のうち誤っているものはどれか。

(1) 燃焼の三要素である可燃物、酸素供給源、点火源の１つを取り去っただけでは、消火できない。

(2) 引火点以下にすれば、消火できる。

(3) 一般に酸素の濃度を 14 ～ 15vol％以下とすれば、消火できる。

(4) 可燃性蒸気と空気との混合気体の濃度を燃焼下限値以下にすれば、消火できる。

(5) 爆風により可燃性蒸気を吹き飛ばす方法で、消火できる場合もある。

問25 消火器と主な消火効果との組み合わせとして、次のうち誤っているものはどれか。

(1) 粉末消火器……………………………負触媒（抑制）効果・窒息効果

(2) ハロゲン化物消火器……………冷却効果

(3) 二酸化炭素消火器………………窒息効果

(4) 強化液消火器……………………冷却効果

(5) 泡消火器…………………………窒息効果

問26 次の文の（　）内に当てはまる語句は次のうちどれか。

「（　）は強酸化性物質で他の物質と反応しやすい酸素を多量に含有しており、加熱、衝撃、摩擦などにより分解し、酸素を放出しやすい固体である。」

(1) 第１類の危険物
(2) 第２類の危険物
(3) 第３類の危険物
(4) 第５類の危険物
(5) 第６類の危険物

問27 第４類の危険物の説明として、次のうち正しいものはどれか。

(1) 常温以下では、炎・火花によっても引火しない。
(2) 常温以下では、可燃性蒸気を出すものはない。
(3) 炎・火花があれば、引火点以下の温度でも燃える。
(4) 発火点以上の温度に加熱されれば燃焼する。
(5) 炎・火花がなければ発火点以上の温度でも燃えない。

問28 第４類の危険物の貯蔵・取扱いの注意事項として、次のうち適切でないものはどれか。

(1) 可燃性蒸気が滞留するおそれのある場所の電気設備は、防爆構造のものを使用する。
(2) 危険物の容器は、密栓して冷暗所に貯蔵する。
(3) 詰め替え等の作業で発生する蒸気は上方に拡散するので、引火の危険性はない。
(4) 静電気が発生するおそれのある場合は、接地などの対策をする。
(5) 液温が上がると、引火点が比較的高いものでも引火の危険性が生じるので、この点に注意を必要とする。

問29 油火災および電気火災の両方に適応した消火剤の組み合わせで、次のうち正しいものはどれか。

(1) ハロゲン　泡　二酸化炭素
(2) ハロゲン　霧状の強化液　粉末
(3) 粉末　二酸化炭素　棒状の強化液
(4) 二酸化炭素　泡　霧状の強化液
(5) 棒状の強化液　ハロゲン　粉末

問30 酸化プロピレンの性状として、次のうち誤っているものはどれか。

(1) 沸点はかなり低く、夏期には気温が沸点より高くなるおそれがある。
(2) 無色の液体である。
(3) 引火点はかなり低く、冬期でも引火しやすい。
(4) 燃焼範囲が広く、その下限値が低い。
(5) 水にはまったく溶けない液体である。

問31 自動車ガソリンについての説明で、次のうち正しいものはどれか。

(1) 燃焼範囲は広く、おおむね 1.4 ～ 47vol%である。
(2) 発火点は、第四類の危険物のうちでは低いほうで 100℃以下である。
(3) 引火点は、一般に－40℃以下である。
(4) 自動車用のものは、一般に青色に着色されている。
(5) 蒸気比重は、1.0 である。

問32 n-ブチルアルコールの性状として、次のうち誤っているものはどれか。

(1) 異性体が存在する。
(2) 水より軽い。
(3) 各種有機溶剤によく溶ける。
(4) 無臭で－10℃では固体である。
(5) 無色透明の液体である。

問33 下線A～Eのうち、正しいものはいくつあるか。

重油はA褐色または暗褐色の液体で、B引火点は60～150℃と高く、C比重は水より重いが、D引火すると液温が高くなるので消火は困難である。大量に燃えている場合はE棒状消火をする。

(1) 1つ
(2) 2つ
(3) 3つ
(4) 4つ
(5) 5つ

問34 動植物油類の自然発火について、次のうち誤っているものはどれか。

(1) 発火点が高いものほど、自然発火しにくい。
(2) 乾性油より不乾性油のほうが自然発火しやすい。
(3) よう素価が大きいものほど、自然発火しやすい。
(4) 発生する熱が蓄積される状態にあるほど、自然発火しやすい。
(5) 貯蔵中は、換気をよくするほど自然発火しにくい。

問35 軽油の性状として、次のうち正しいものはどれか。

(1) ケロシン油とも呼ばれている。
(2) 引火点は45℃以上である。
(3) 水より蒸発しやすい。
(4) 一般に淡青色に着色されている。
(5) 蒸気は空気より軽い。

模擬試験②

（注）問題中に使用した略語は、次のとおりです。

法　　令………消防法、危険物の規制に関する政令または危険物の規制に関する規制

法　………消防法

政　　令………危険物の規制に関する政令

規　　則………危険物の規制に関する規則

製造所等………製造所、貯蔵所または取扱所

市町村長等………市町村長、都道府県知事または総務大臣

免　　状………危険物取扱者免状

所有者等………所有者、管理者または占有者

○制限時間は２時間です。

○問題は 17 ページから 27 ページの 35 問です。

※解答と解説の掲載は 198 ページから 206 ページです。

【危険物に関する法令】

問1 危険物について、次のうち正しいものはどれか。

(1) 危険物は、「第１類」から「第６類」までに分類されている。
(2) 危険物は、甲種危険物と乙種危険物がある。
(3) 危険物は類が増すに従って、危険度も大きくなる。
(4) 危険物には、引火性または発火性を有する、すべての気体、液体および固体が含まれている。
(5) 危険性の特に高い危険物は、「特類」に該当する。

問2 屋外貯蔵所で貯蔵し、または取り扱ってはならない危険物は次のうちどれか。

(1) 灯油
(2) 軽油
(3) 重油
(4) ギヤー油
(5) ガソリン

問3 次の危険物を同一場所で貯蔵した場合、指定数量の合計は何倍か。

軽　　油	3,000 ℓ
ガソリン	1,000 ℓ
エチルアルコール	2,000 ℓ

(1) 10倍
(2) 11倍
(3) 12倍
(4) 13倍
(5) 14倍

問4　原則として、学校、病院から一定の距離をとらなければならないものは、次のうちどれか。

(1)　地下タンク貯蔵所　移送取扱所　給油取扱所
(2)　製造所　屋外タンク貯蔵所　屋外貯蔵所
(3)　給油取扱所　屋外タンク貯蔵所　一般取扱所
(4)　製造所　屋外貯蔵所　簡易タンク貯蔵所
(5)　第2種販売取扱所　一般取扱所　屋外タンク貯蔵所

問5　第5種の消火設備に該当するものは、次のうちどれか。

(1)　消火粉末を放射する小型消火器
(2)　スプリンクラー設備
(3)　屋外消火栓設備
(4)　泡消火設備
(5)　屋内消火栓設備

問6　法令上、次の（　）内のA～Bに該当する語句の組み合わせとして正しいものはどれか。

「製造所、貯蔵所および取扱所の所有者、管理者または占有者は、当該製造所、貯蔵所または取扱所の用途を廃止したときは、（　A　）その旨を（　B　）に届け出なければならない。」

	A	B
(1)	7日以内に	消防長または消防署長
(2)	10日以内に	市町村長等
(3)	10日以内に	消防長または消防署長
(4)	遅滞なく	市町村長等
(5)	遅滞なく	消防長または消防署長

問7 法令上、製造所等以外の場所で、軽油 5,000 ℓ を 10 日間だけ仮に貯蔵する場合に必要な手続きについて、次のうち正しいものはどれか。

(1) 当該管轄区域の都道府県知事に申請し認可を受ける。
(2) 所轄消防長または消防署長に届け出る。
(3) 当該管轄区域の市町村長に届け出る。
(4) 所轄消防長または消防署長に申請し承認を受ける。
(5) 安全な場所であるなら、許可は必要ない。

問8 法第 12 条の 2 について、市町村長等が製造所等の許可の取消しまたは使用停止を命じることができる場合として、次のうち正しいものはどれか。

(1) 製造所等を譲り受け、その届出を怠ったとき
(2) 製造所等の位置、構造または設備を、無許可で変更したとき
(3) 危険物施設保安員の設置が必要な施設で、危険物施設保安員の設置がされていないとき
(4) 製造所等で、危険物の取扱作業に従事している危険物取扱者が免状の書換えをしていないとき
(5) 製造所等で、危険物の取扱作業に従事している危険物取扱者が、危険物の取扱作業の保安に関する講習を受けていないとき

問9 製造所等の定期点検について、次のうち正しいものはどれか。

(1) この定期点検は、すべての製造所等が対象とされている。
(2) この定期点検は、原則として1年に1回以上行わなければならない。
(3) この定期点検は、危険物取扱者でなければ行うことができない。
(4) この定期点検は、特定の製造所等に対して市町村等が定期的に行うものである。
(5) この定期点検の記録は、原則として1年間保存しなければならない。

問10 危険物保安監督者の選任要件の１つとして、一定期間以上の製造所等における実務経験が必要とされているが、次のうち正しいものはどれか。

(1) 1カ月
(2) 3カ月
(3) 6カ月
(4) 1年
(5) 2年

問11 次の文の（　）内のA～Cに当てはまる語句の組み合わせはどれか。

「免状の再交付は、該当免状の（　A　）をした都道府県知事に申請することができる。免状を亡失し再交付を受けたもので、亡失した免状を発見した場合は、これを（　B　）以内に免状の（　C　）を受けた都道府県知事に提出しなければならない。」

	（　A　）	（　B　）	（　C　）
(1)	交付	20日	再交付
(2)	交付	7日	交付
(3)	交付	14日	再交付
(4)	交付または書換え	10日	再交付
(5)	交付または書換え	10日	交付

問12 危険物の取扱作業の保安に関する講習を受けなければならない者は、次のうちどれか。

(1) 危険物施設保安員および危険物保安監督者
(2) 製造所等で危険物の取扱作業に従事しているすべての者
(3) 製造所等で危険物の取扱作業に従事している危険物取扱者
(4) 危険物保安統括管理者、危険物保安監督者および危険物施設保安員
(5) すべての危険物取扱者

問13 予防規程について、次のうち正しいものはどれか。

(1) 製造所等における位置、構造、設備の点検項目について定めた規程をいう。

(2) 予防規程の制定および変更には都道府県知事の認可が必要である。

(3) 屋内タンク貯蔵所は、予防規程が必要である。

(4) 製造所等の火災を予防するため、危険物の保安に関し必要な事項を定めた規程をいう。

(5) 移送取扱所は、予防規程が必要ない。

問14 危険物の運搬について、次のうち正しいものはどれか。

(1) 危険物の運搬は、危険物取扱者が行わなければならない。

(2)指定数量未満の危険物の運搬は、運搬容器および積載方法の基準はない。

(3) 指定数量以上の危険物を車両で運搬するときは、当該危険物に適応する消火設備を備え付けなければならない。

(4) 危険物の混載は、一切禁止されている。

(5) 指定数量以上の危険物を運搬する場合は、市町村長等に届け出なければならない。

問15 製造所等で、丙種危険物取扱者が取り扱うことのできる危険物として、次のうち規定で定められていないものはどれか。

(1) 重油

(2) 第3石油類の潤滑油

(3) 固形アルコール

(4) 第3石油類の引火点が130℃以上のもの

(5) 第4石油類のすべて

問16 燃焼について、次のうち誤っているものはどれか。

(1) メタンに十分な酸素の供給があって燃焼する場合を完全燃焼という。
(2) ニトロセルロースが燃えるのを内部（自己）燃焼という。
(3) ガソリンは液自体が、その液面で空気と接触しながら燃えるので表面燃焼という。
(4) 木材は熱分解生成ガスが燃焼するので、分解燃焼という。
(5) 灯油は発生した蒸気が燃焼するので、蒸発燃焼という。

問17 燃焼の三要素がそろっている組み合わせとして、次のうち正しいものはどれか。

(1)	空　気	硝　酸	炎
(2)	二酸化炭素	炭　素	電気火花
(3)	水	空　気	熱
(4)	プロパン	炭　素	静電気火花
(5)	ガソリン	酸　素	電気火花

問18 引火点の説明として、次のうち正しいものはどれか。

(1) 可燃物を、空気中で加熱した場合、点火源がなくてもみずから燃え出す最低の温度をいう。
(2) 発火点と同じものであるが、その可燃物が気体または液体の場合は発火点といい、固体の場合は引火点という。
(3) 高濃度の蒸気を出すときの液体の最低温度をいう。
(4) 可燃性液体が、空気中で引火するのに十分な濃度の蒸気を液面上に発生するときの、最低の液温をいう。
(5) 可燃物の燃焼温度は、燃焼開始時において最も低く、時間の経過とともに高くなっていくが、その燃焼開始時の温度をいう。

問19 次の消火方法と主な消火効果の組み合わせとして、正しいものはどれか。

	消火方法	消火効果
(1)	石油ストーブが異常燃焼したので、粉末消火剤で火を消した。	冷却効果
(2)	天ぷら鍋の油が燃え出したので、強化液消火器で火を消した。	除去効果
(3)	防火訓練でオイルパンの灯油の火災を、泡消火器で消火した。	除去効果
(4)	少量のガソリンの火災に、二酸化炭素消火剤を使用した。	窒息効果
(5)	ボロ布が燃えていたので、乾燥砂をかけて火を消した。	冷却効果

問20 燃焼および発火に関する説明として、次のうち正しいものはどれか。

(1) 酸素自身は燃焼しないが、支燃性を有している。
(2) ハロゲン元素を混合させた気体の炭化水素は、常温で（20℃）で発火する。
(3) 比熱が大きい物質は、発火または着火しやすい。
(4) 沸点が低く蒸発しやすいものほど、燃焼が激しい。
(5) 水溶性危険物は、非水溶性危険物より燃焼点が低い。

問21 静電気について、次のうち誤っているものはどれか。

(1) 静電気による火災には、燃焼物に適応した消火法をとる。
(2) 静電気は人体にも帯電する。
(3) 静電気の蓄積防止策の１つに、物体を電気的に絶縁する方法がある。
(4) 静電気は一般に電気の不良導体（不導体）の摩擦等により発生する。
(5) 静電気は空気が乾燥しているときに発生しやすい。

問22 物質の三態変化について、次のうち誤っているものはどれか。

(1) 液体が気体になることを蒸発という。
(2) 液体が固体になることを凝縮という。
(3) 水の沸騰はその内部からも気化が起こっているような状態である。
(4) 氷が溶けて水になることを融解という。
(5) 固体のナフタリンが、直接気体になることを昇華という。

問23 酸化剤と還元剤について、誤っているものはどれか。

(1) 他の物質を酸化しやすい性質のあるもの………………酸化剤
(2) 他の物質に水素を与える性質のあるもの………………還元剤
(3) 他の物質に酸素を与える性質のあるもの………………酸化剤
(4) 他の物質を還元しやすい性質のあるもの………………還元剤
(5) 他の物質から酸素を奪う性質のあるもの………………酸化剤

問24 三態変化について、次の記述のうち正しいものはどれか。

(1) 水は、1気圧のとき100℃で沸騰する。
(2) 二酸化炭素は、いかなる条件下においても液体になることはない。
(3) 沸点は、外圧が高くなると低くなる。
(4) 液体が固体になることを凝縮という。
(5) 0℃のときに、水と氷が混在することがあるのは、水の融点と凝固点が異なるからである。

問25 内容積1,000ℓのタンクに満たされた液温15℃のガソリンを35℃まで温めた場合、タンクの外に流出する量として、次のうちもっとも正しいものはどれか。ただし、ガソリンの体膨張率は 1.35×10^{-3} タンクの膨張およびガソリンの蒸発は考えないものとする。

(1) 1.35ℓ
(2) 6.75ℓ
(3) 13.50ℓ
(4) 27.00ℓ
(5) 54.00ℓ

【危険物の性質ならびにその火災予防および消火の方法】

問26 危険物の類と共通する性状との組み合わせとして、次のうち正しいものはどれか。

(1) 第１類は、気体または液体
(2) 第２類は、液体
(3) 第３類は、液体
(4) 第５類は、固体または液体
(5) 第６類は、固体

問27 第４類の危険物の一般的性質として、次のうち正しいものはどれか。

(1) 熱伝導率が大きく、蓄熱し、自然分解しやすい。
(2) 液比重は１より小さいものが多い。
(3) 蒸気比重は小さく、放散しやすい。
(4) 導電率（電気伝導度）が大きく、静電気が蓄積しにくい。
(5) 水溶性のものは水で希釈すると引火点が低くなる。

問28 第４類の危険物の火災予防の方法で、誤っているのはどれか。

(1) 廃油等の焼却は安全な場所で、見張り人をつけて、少量ずつ行うこと。
(2) 可燃性蒸気の滞留するおそれのある場所の電気設備は防爆構造とする。
(3) 危険物が入っている容器は、高温体や熱源との接近を避けること。
(4) 静電気の累積を防止するため、タンクおよび受器を接地（アース）する。
(5) 室内で取り扱う場合は、低所よりも高所で換気を十分行うこと。

問29 消火方法として、次のうち不適当なものはどれか。

(1) 灯油の火災にハロゲン化物消火剤を使用する。
(2) ガソリンの火災に二酸化炭素を使用する。
(3) ガソリンの火災にりん酸塩類等の粉末消火剤を使用する。
(4) 軽油の火災に棒状・注水を使用する。
(5) 重油の火災に泡消火剤を使用する。

問30 酢酸の性状として、次のうち誤っているものはどれか。

(1) 高濃度の酢酸は低温で氷結するため、氷酢酸と呼ばれる。
(2) ベンゼン、アセトンによく溶ける。
(3) 粘度が高いため、水には溶けない。
(4) エタノールと反応して、酢酸エステルを生じる。
(5) 腐食性が強い。

問31 自動車用ガソリンについて、次のうちで誤っているものはどれか。

(1) 引火点は－40℃以下である。
(2) 流動により静電気が発生しやすい。
(3) 水より軽い。
(4) 燃焼範囲は、おおむね1.4～7.6vol％（容量）である。
(5) 褐色または暗褐色の液体である。

問32 灯油および軽油に共通する性質について、次のうち誤っているものはどれか。

(1) 水より軽い。
(2) 引火点は、常温（20℃）より高い。
(3) 蒸気は、空気より重い。
(4) 発火点は、100℃より低い。
(5) 水に溶けにくい。

問33 重油の性質について、次のうち誤っているものはどれか。

(1) 水に溶けない。
(2) 水より重い。
(3) 日本工業規格では、1類（A重油）、2類（B重油）および3類（C重油）に分類される。
(4) 発火点は、100℃より高い。
(5) C重油の引火点は、70℃以上である。

問34 特殊引火物について、次のうち誤っているものはどれか。

(1) アセトアルデヒドは、非常に揮発しやすい。
(2) ジエチルエーテルは、特有の甘い刺激性の臭気があり、燃焼範囲はきわめて広い。
(3) 二硫化炭素は、無臭の液体で、水に溶けやすく、また水より軽い。
(4) 酸化プロピレンは、プロピレンオキサイドともいう。
(5) 二硫化炭素は、発火点が100℃以下で、第4類の中では、発火点が特に低い危険物の1つである。

問35 アセトンの性状として、次のうち誤っているものはどれか。

(1) 水より軽い。
(2) 揮発しやすい。
(3) 無色で特有の臭いがある。
(4) 水に溶けない。
(5) 発生する蒸気は空気より重く、低所に滞留しやすい。

解答用紙はコピーをとるか
切り取ってご使用ください。

模擬試験①

乙種　解答カード

試験日
月　　日

受験地

氏名

受験番号						
		－				
Ⓑ	①		①	①	①	①
Ⓒ	②		②	②	②	②
Ⓓ	③		③	③	③	③
Ⓔ	④		④	④	④	④
Ⓕ	⑤		⑤	⑤	⑤	⑤
Ⓖ	⑥		⑥	⑥	⑥	⑥
	⑦		⑦	⑦	⑦	⑦
	⑧		⑧	⑧	⑧	⑧
	⑨		⑨	⑨	⑨	⑨
	⓪		⓪	⓪	⓪	⓪

〈マークシート記入例〉

よい例	悪い例			
	小さい	レ点	直線	薄い

〈記入上の注意〉

1．マークは記入例を参考にし、**良い例のように塗りつぶして**ください。
2．記入は、**必ずHBまたはBの鉛筆を使用して**ください。
3．訂正の場合は、**消しゴムできれいに消して**ください。
4．用紙を**折り曲げたり、汚したりしないで**ください。
5．**所定の欄以外にマークしたり、記入したりしないで**ください。

危険物に関する法令

問1	問2	問3	問4	問5	問6	問7	問8	問9	問10	問11	問12	問13	問14	問15
①	①	①	①	①	①	①	①	①	①	①	①	①	①	①
②	②	②	②	②	②	②	②	②	②	②	②	②	②	②
③	③	③	③	③	③	③	③	③	③	③	③	③	③	③
④	④	④	④	④	④	④	④	④	④	④	④	④	④	④
⑤	⑤	⑤	⑤	⑤	⑤	⑤	⑤	⑤	⑤	⑤	⑤	⑤	⑤	⑤

基礎的な物理学および基礎的な化学

問16	問17	問18	問19	問20	問21	問22	問23	問24	問25
①	①	①	①	①	①	①	①	①	①
②	②	②	②	②	②	②	②	②	②
③	③	③	③	③	③	③	③	③	③
④	④	④	④	④	④	④	④	④	④
⑤	⑤	⑤	⑤	⑤	⑤	⑤	⑤	⑤	⑤

危険物の性質ならびにその火災予防および消火の方法

問26	問27	問28	問29	問30	問31	問32	問33	問34	問35
①	①	①	①	①	①	①	①	①	①
②	②	②	②	②	②	②	②	②	②
③	③	③	③	③	③	③	③	③	③
④	④	④	④	④	④	④	④	④	④
⑤	⑤	⑤	⑤	⑤	⑤	⑤	⑤	⑤	⑤

模擬試験②

乙種　解答カード

試験日
月　　日

受験地

氏名

受験番号						
		−				
Ⓑ	①		①	①	①	①
Ⓒ	②		②	②	②	②
Ⓓ	③		③	③	③	③
Ⓔ	④		④	④	④	④
Ⓕ	⑤		⑤	⑤	⑤	⑤
Ⓖ	⑥		⑥	⑥	⑥	⑥
	⑦		⑦	⑦	⑦	⑦
	⑧		⑧	⑧	⑧	⑧
	⑨		⑨	⑨	⑨	⑨
	⓪		⓪	⓪	⓪	⓪

〈マークシート記入例〉

よい例	悪い例			
●	小さい	レ点	直線	薄い

〈記入上の注意〉

1．マークは記入例を参考にし、**良い例のように塗りつぶして**ください。

2．記入は、**必ずHBまたはBの鉛筆を使用して**ください。

3．訂正の場合は、**消しゴムできれいに消して**ください。

4．用紙を**折り曲げたり、汚したりしないで**ください。

5．**所定の欄以外にマークしたり、記入したりしないで**ください。

危険物に関する法令

問1	問2	問3	問4	問5	問6	問7	問8	問9	問10	問11	問12	問13	問14	問15
①	①	①	①	①	①	①	①	①	①	①	①	①	①	①
②	②	②	②	②	②	②	②	②	②	②	②	②	②	②
③	③	③	③	③	③	③	③	③	③	③	③	③	③	③
④	④	④	④	④	④	④	④	④	④	④	④	④	④	④
⑤	⑤	⑤	⑤	⑤	⑤	⑤	⑤	⑤	⑤	⑤	⑤	⑤	⑤	⑤

基礎的な物理学および基礎的な化学

問16	問17	問18	問19	問20	問21	問22	問23	問24	問25
①	①	①	①	①	①	①	①	①	①
②	②	②	②	②	②	②	②	②	②
③	③	③	③	③	③	③	③	③	③
④	④	④	④	④	④	④	④	④	④
⑤	⑤	⑤	⑤	⑤	⑤	⑤	⑤	⑤	⑤

危険物の性質ならびにその火災予防および消火の方法

問26	問27	問28	問29	問30	問31	問32	問33	問34	問35
①	①	①	①	①	①	①	①	①	①
②	②	②	②	②	②	②	②	②	②
③	③	③	③	③	③	③	③	③	③
④	④	④	④	④	④	④	④	④	④
⑤	⑤	⑤	⑤	⑤	⑤	⑤	⑤	⑤	⑤

模擬試験①

乙種　解答カード

試験日
月　　日

受験地

氏名

受験番号						
		−				
B	1		1	1	1	1
C	2		2	2	2	2
D	3		3	3	3	3
E	4		4	4	4	4
F	5		5	5	5	5
G	6		6	6	6	6
	7		7	7	7	7
	8		8	8	8	8
	9		9	9	9	9
	0		0	0	0	0

〈マークシート記入例〉

よい例　悪い例：小さい　レ点　直線　薄い

危険物に関する法令

問1	問2	問3	問4	問5	問6	問7	問8	問9	問10	問11	問12	問13	問14	問15
1	1	1	1	1	1	1	1	1	1	1	1	1	1	1
2	2	2	2	2	2	2	2	2	2	2	2	2	2	2
3	3	3	3	3	3	3	3	3	3	3	3	3	3	3
4	4	4	4	4	4	4	4	4	4	4	4	4	4	4
5	5	5	5	5	5	5	5	5	5	5	5	5	5	5

〈記入上の注意〉

1．マークは記入例を参考にし、**良い例のように塗りつぶして**ください。
2．記入は、**必ずHBまたはBの鉛筆を使用して**ください。
3．訂正の場合は、**消しゴムできれいに消して**ください。
4．用紙を**折り曲げたり、汚したりしないで**ください。
5．**所定の欄以外にマークしたり、記入したりしないで**ください。

基礎的な物理学および基礎的な化学

問16	問17	問18	問19	問20	問21	問22	問23	問24	問25
1	1	1	1	1	1	1	1	1	1
2	2	2	2	2	2	2	2	2	2
3	3	3	3	3	3	3	3	3	3
4	4	4	4	4	4	4	4	4	4
5	5	5	5	5	5	5	5	5	5

危険物の性質ならびにその火災予防および消火の方法

問26	問27	問28	問29	問30	問31	問32	問33	問34	問35
1	1	1	1	1	1	1	1	1	1
2	2	2	2	2	2	2	2	2	2
3	3	3	3	3	3	3	3	3	3
4	4	4	4	4	4	4	4	4	4
5	5	5	5	5	5	5	5	5	5

模擬試験②

乙種　解答カード

試験日
月　　日

受験地

氏名

受験番号						
		－				
B	1		1	1	1	1
C	2		2	2	2	2
D	3		3	3	3	3
E	4		4	4	4	4
F	5		5	5	5	5
G	6		6	6	6	6
	7		7	7	7	7
	8		8	8	8	8
	9		9	9	9	9
	0		0	0	0	0

〈マークシート記入例〉　よい例　悪い例　小さい　レ点　直線　薄い

危険物に関する法令

問1	問2	問3	問4	問5	問6	問7	問8	問9	問10	問11	問12	問13	問14	問15
1	1	1	1	1	1	1	1	1	1	1	1	1	1	1
2	2	2	2	2	2	2	2	2	2	2	2	2	2	2
3	3	3	3	3	3	3	3	3	3	3	3	3	3	3
4	4	4	4	4	4	4	4	4	4	4	4	4	4	4
5	5	5	5	5	5	5	5	5	5	5	5	5	5	5

〈記入上の注意〉

1．マークは記入例を参考にし、**良い例のように塗りつぶして**ください。

2．記入は、**必ずHBまたはBの鉛筆を使用して**ください。

3．訂正の場合は、**消しゴムできれいに消して**ください。

4．用紙を**折り曲げたり、汚したりしないで**ください。

5．**所定の欄以外にマークしたり、記入したりしないで**ください。

基礎的な物理学および基礎的な化学

問16	問17	問18	問19	問20	問21	問22	問23	問24	問25
1	1	1	1	1	1	1	1	1	1
2	2	2	2	2	2	2	2	2	2
3	3	3	3	3	3	3	3	3	3
4	4	4	4	4	4	4	4	4	4
5	5	5	5	5	5	5	5	5	5

危険物の性質ならびにその火災予防および消火の方法

問26	問27	問28	問29	問30	問31	問32	問33	問34	問35
1	1	1	1	1	1	1	1	1	1
2	2	2	2	2	2	2	2	2	2
3	3	3	3	3	3	3	3	3	3
4	4	4	4	4	4	4	4	4	4
5	5	5	5	5	5	5	5	5	5